BLV Naturführer

Dr. Eckart Pott

Wald und Forst

Pflanzen und Tiere in ihrem Lebensraum – ein Biotopführer

BLV

CIP-Titelaufnahme der Deutschen Bibliothek

Pott, Eckart:
Wald und Forst: Pflanzen u. Tiere in ihrem Lebensraum; e. Biotop-Führer / Eckart Pott. – 4., völlig neubearb. Aufl., Neuausg. – München; Wien; Zürich; BLV Verl.-Ges., 1989
(BLV Naturführer; 809)
ISBN 3–405–13809–4

NE: GT

BLV Verlagsgesellschaft mbH
München Wien Zürich

8000 München 40

4., völlig neubearbeitete Auflage
(Neuausgabe)

BLV Naturführer 809

Satz und Druck: Appl, Wemding
Bindung: Bückers GmbH, Anzing

Printed in Germany · ISBN 3-405-13809-4

Bildnachweis

Angermayer: 111 u
Danegger: 89 o, 97 ol, 97 or, 97 u, 99, 109 ul, 115 or, 115 u, 119 o
Daudt: 77 u
Diedrich: 93 ur, 109 ur
Eisenbeiss: 15 ur, 45 or, 49 or, 55 ul, 79 ul
Eisenreich: 53 ur, 79 or, 81 o
Gerhardt: 61 ol
Harz: 67 ul, 75 u, 83 o
König: 37 o, 41 ul, 71 u, 73 u
Köster/Angermayer: 61 u
Limbrunner: 87 o, 89 u, 91 o, 113 or, 115 ol
Löhr: 67 ur, 69 o, 83 u
Pfletschinger/Angermayer: 71 o, 75 ol
Pforr: 15 or, 19 ul, 23 u, 39 ol, 45 ur, 47 ul, 47 ur, 55 ur, 65 o, 85 u, 109 o, 119 u, 125 u
Quedens: 63 or, 107 o, 107 u, 113 ol
Reinhard: 19 ur, 29 ul, 39 or, 41 o, 57 u, 63 ol, 63 ul, 63 ur, 91 u, 95 o, 101 u, 103 u, 117 o, 119 o, 119 ul, 119 ur
Rohdich: 75 or
Sauer: 67 or, 69 u, 77 o, 85 ol, 85 or
Schrempp: 25 ol, 33 ul, 45 ul, 55 o
Seidl: 57 o
Trötschel: 93 o, 93 ul
Willner: 81 u
Wothe: 101 o
Zeininger: 103 o, 105 o, 111 ol, 111 or, 117 u
Ziesler: 59 ur

Alle anderen Fotos stammen vom Autor

Zeichnungen: Klaus Joas

Umschlagfoto: Reinhard (Baummarder)
Foto auf der Rückseite des Umschlags: Pott (Roter Fingerhut)

Einführung

Ein Waldspaziergang ist jedem eine vertraute Erfahrung. Tausende von Menschen suchen an den Wochenenden im Wald Erholung und Entspannung. Dies hält der Wald, das wichtigste Ökosystem Europas aus. Worunter der Wald aber zu leiden hat, ist die von der Lebens- und vor allem Wirtschaftsweise des Menschen verursachte Luftverschmutzung. Es ist schon paradox, wenn der Waldwanderer mit seinem Auto zu einem schön gelegenen Waldparkplatz fährt, und die Abgase seines Fahrzeugs tragen gleichzeitig dazu bei, daß der Waldspaziergang vielleicht bald Geschichte sein wird, weil die Baumbestände großflächig absterben!

Wald und Forst – Klärung von Begriffen

Es ist nicht ganz einfach, die Begriffe »Wald« und »Forst« eindeutig zu definieren, denn man kann einen Wald oder einen Forst von verschiedenen Gesichtspunkten aus betrachten. Man kann juristische, wald- und forstwirtschaftliche Definitionen finden, aber auch biologisch-pflanzensoziologische. Ausgehend von letzterem Aspekt kann man einen Wald allgemein als »eine durch einen charakteristischen, mehr oder weniger geschlossenen Baumbestand, der mindestens etwa 6 m Höhe erreicht, gekennzeichnete Lebensgemeinschaft von Pflanzen und Tieren« definieren. Es stellt sich nun die Frage, wie Wald und Forst gegeneinander abzugrenzen sind. Die Übergänge sind hier fließend, so daß man sinnvollerweise Urwald und Forst als stärkste Gegensätze betrachtet. Unter Urwald versteht man »einen unberührten Wald, der also vom Menschen nicht genutzt und in den auch in anderer Weise nicht eingegriffen wird«. Als Forst kann man dann »einen unter forstwirtschaftlichen Gesichtspunkten regelrecht bewirtschafteten, fest abgegrenzten Wald« bezeichnen. Aus diesen Begriffserklärungen wird schon deutlich, daß wir in Mitteleuropa kaum noch Urwälder, dagegen fast ausschließlich mehr oder weniger stark vom Menschen genutzte und gestaltete Forste vorfinden.

Europa – ein Waldland

Diese Überschrift scheint auf den ersten Blick kaum berechtigt zu sein, denn das Bild der heutigen europäischen Landschaft wird durchaus nicht überall von Wäldern geprägt. Aber die heutige Landschaft ist auch nicht mehr unberührt, vielmehr seit Jahrhunderten vom Menschen genutzt, gestaltet und kultiviert, ausgebeutet und ruiniert. Die Verteilung der waldbestandenen Flächen im heutigen Europa ist also durch die Aktivität des Menschen verursacht. Von den klimatischen Bedingungen her – relativ milde Temperaturen und ausreichend hohe Niederschläge – ist Europa aber ein Waldland. Man sagt, der Wald ist die potentiell natürliche Vegetation unserer Breiten. Mit anderen Worten: Ohne den Einfluß des Menschen wären die meisten Gegenden in Europa mit Wäldern bestanden, die allerdings je nach Lage einen unterschiedlichen Charakter hätten (vgl. Grafik).

Will man das heutige Bild der europäischen Landschaft verstehen, ist es nötig, bis zu den Eiszeiten zurückzublicken. Vor den durch Klimaverschlechterungen bewirkten Eiszeiten herrschte in Mitteleuropa eine Vegetation vor, die sich aus Palmen, Baumfarnen, Magnolien, Lorbeer und anderen Gewächsen zusammensetzte, wie wir sie heute in den Subtropen finden. Mit dem Einbruch der Eiszeit starb diese sogenannte arkto-tertiäre Flora aber in Europa aus, da die hohen, in West-Ost-Richtung verlaufenden, stark vergletscherten Gebirge ein Ausweichen nach Süden verhinderten. In Nordamerika lagen die Verhältnisse anders.

Die bis dato relativ einheitliche Flora verarmte also während der Eiszeit mehr und mehr. Mitteleuropa war während der letzten Eiszeit nahezu waldlos. Es herrschten artenarme Wasserpflanzengesellschaften, Seggenmoore, Zwergstrauchgesellschaften und Moostundren vor. Als es nach und nach wärmer wurde, das Eis langsam in Richtung Norden zurückging, breiteten sich Wälder und andere anspruchsvolle Pflanzengesellschaften wieder nach Norden aus und eroberten alte Standorte zurück. Von etwa 10000 v. Chr. an dominierten nacheinander verschiedene Waldgesellschaften, die jeweils von Baumarten mit bestimmten Klimaansprüchen geprägt waren.

Mit der ausgehenden sogenannten Tundrenzeit breiteten sich Birken- und Kiefernwälder aus. Diese Zeit nennt man deshalb auch Birken-Kiefern-Zeit. Das Bild des Waldes glich damals etwa dem, das wir heute in Lappland finden.

Mit dem weiteren Abschmelzen der Eismassen wurde es wärmer, und besonders der Haselstrauch prägte das Vegetationsbild. Man nennt diese Zeit deshalb Haselzeit. Eichen, Ulmen, Linden, Ahornarten sowie Eschen, dann auch Erlen und Kiefern drängten nach, und die bisher vorherrschenden Birken-Kiefern-Wälder wurden nach Norden abgedrängt.

In der darauffolgenden Eichen-Mischwald-Zeit setzten sich Eichenarten durch. Kiefern fanden sich ähnlich wie heute nur noch auf armen Sandböden. In sumpfigen Niederungen bildeten sich Erlen-Bruchwälder aus. In den Mittel- und Hochgebirgen setzte sich die Fichte durch.

Schließlich kam es zu einer Ausdehnung der Verbreitung von Buche, Hainbuche und Tanne – die Buchenzeit setzte ein. Die Eichenwälder wurden verdrängt. Die genannten Arten drangen auch in die Gebirgswälder ein, so daß sich nach und nach ein Bild zusammensetzte, das so aussah: In niedrigen Lagen herrschten Buchenwälder vor, die nach Osten hin durch Hainbuchenwälder ersetzt wurden. In Gebirgslagen stockten Mischwälder aus Buche, Tanne und Fichte. Allerdings gibt es auch Standorte, die als von Natur aus waldfrei anzusehen sind: Trockengebiete, Moore und Gebiete mit zu kurzer Vegetationsperiode, wie die Hochgebirge und der hohe Norden.

Eine Grobgliederung der Vegetation

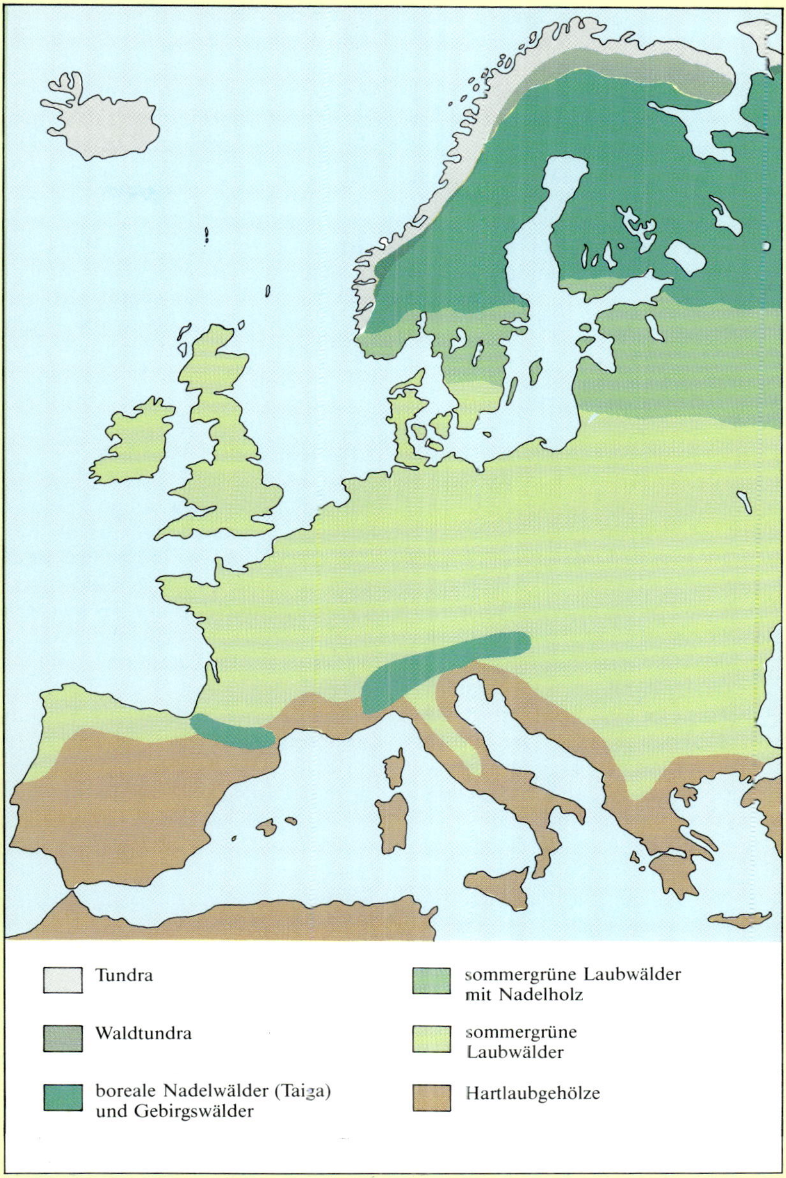

Natürliche Vegetationszonen in Europa.

ganz Europas läßt sich relativ leicht vornehmen. Mitteleuropa, das südliche Nordeuropa und das nördliche Südeuropa werden bestimmt durch sommergrüne Laubwälder, weite Teile Skandinaviens und die Hochgebirge durch immergrüne Nadelwälder (Taiga). Im Mittelmeergebiet finden wir Hartlaubgehölze und in den höchsten Lagen der Hochgebirge und im nördlichen Skandinavien die Tundra oder eine tundrenähnliche Vegetation (s. Karte S. 7).

Die Rolle des Menschen

Dies ist in groben Zügen die Vegetation, die der Mensch nun umwandelte, zunächst nur stellenweise und nicht besonders intensiv, dann durch den Einsatz von Maschinen immer schneller, großflächiger und brutaler. Heute finden wir also große entwaldete Gebiete, nicht nur im mittleren, sondern vor allem auch im südlichen Europa. Und die noch mit Wald bestandenen Gebiete sind von der Artenzusammensetzung, der Wuchsform und verschiedenen anderen Komponenten her durch die Aktivitäten des Menschen geprägt.
Betrachten wir jetzt nur Mitteleuropa und wie sich hier die Zusammensetzung der Wälder seit dem Mittelalter verändert hat. Es zeigt sich, daß der Anteil der Laubbäume zurückging und der Anteil der Nadelbäume stark zugenommen hat. Dies ist im wesentlichen darauf zurückzuführen, daß vor allem die Fichte verstärkt angepflanzt wurde. Als relativ anspruchsloser, schnellwüchsiger Baum erbrachte sie rasch hohen Ertrag. Allerdings wurden Fichten fast immer in Form von Monokulturen (nur eine Pflanzenart in geschlossenem Bestand) angepflanzt, und das hat eine Fülle ökologischer Konsequenzen. Heute werden neben dem Holzertrag auch andere Funktionen des Waldes wichtiger. Daher gehen die Förster dazu über, wieder mehr Mischwald anzupflanzen. Die Artenzusammensetzung der Wälder wird sich also langfristig, vom Menschen gelenkt, wieder verändern. Welche waldbaulichen Konsequenzen aus den allenthalben sichtbaren Waldschäden zu ziehen sind, ist noch nicht einmal in Ansätzen bekannt.

Ökologie des Waldes

Um das Beziehungsgefüge in einem Wald zu verstehen, sei hier als Modell der Mischwald betrachtet. In einem naturnahen Mischwald bildet sich typischerweise ein stockwerkartiger Aufbau der Vegetation heraus (s. Grafik S. 10). Zuunterst kann man eine Boden- oder Moosschicht abgrenzen. Eine Schicht aus Fallaub, abgestorbenen Pflanzen und Tierresten liegt dem Boden auf. In dieser Schicht und den oberen Zentimetern des darunter liegenden Oberbodens leben unzählige kleine und kleinste Bodenbewohner. Dazu gehören Bakterien, Pilze, Algen, Springschwänze, Milben und viele andere Organismen. Insgesamt zersetzen sie die organische Substanz, bauen sie um und führen die bei ihrer Tätigkeit entstehenden Nährsalze dem Boden wieder zu, so daß diese den Pflanzen erneut zur Verfügung stehen.
Stellenweise ist der Boden auch mit Flechten und Moosen überwachsen. Die Moose haben eine besonders wichtige Funktion: Sie nehmen über

Frühlingsaspekt eines Laubwaldes mit Busch-Windröschen.

die Blättchen Wasser auf und geben es nach und nach wieder an die Umgebung ab. Dadurch kommt es zu einer relativ ausgeglichenen Feuchtigkeit in der gesamten Bodenschicht und im Wald überhaupt. Die Bodenschicht wirkt also auch wie ein großer Wasserspeicher.

Am Waldboden wachsen verschiedene krautige Pflanzen, die in ihrer Gesamtheit als Krautschicht bezeichnet werden. Im Frühling wachsen hier zunächst die »Frühblüher« wie das Busch-Windröschen, das Leberblümchen oder die Wald-Schlüsselblume. Ist das Laub der Waldbäume entfaltet, ändern sich die Strahlungsverhältnisse im Bestand ganz drastisch. Den krautigen Bodenpflanzen steht nur noch ein geringer Bruchteil der gesamten einfallenden Strahlung zur Verfügung. Daher sterben viele dieser Arten gegen den Frühsommer und Sommer hin ab. Neben den Frühblühern kommen am Waldboden aber auch Pflanzenarten vor, die an die relative Lichtarmut angepaßt sind.

Die dritte Schicht wird durch die zwischen den Bäumen wachsenden Sträucher gebildet. Zwergsträucher wie Heidelbeere und Preiselbeere bilden den Übergang von der Krautschicht zur Strauchschicht. Daneben kommen aber auch höher wachsende Sträucher in Betracht. Und man rechnet in diese Schicht auch die jungen Bäume hinein.

Über die Strauchschicht erhebt sich die Baumschicht. Hier bilden die Kronen der verschiedenen Baumarten ein mehr oder weniger geschlossenes Dach. Auch in dieser Schicht herrschen besondere Bedingungen, wie in den anderen beschriebenen Schichten oder Stockwerken auch. Einmal konkurrieren die Bäume untereinander um Licht. Vor allem aber prägen sie die ökologischen Bedingungen in den darunter liegenden Stockwerken. Durch die Dichte des Baumbestandes wird das Strahlungsklima im Innern der Bestände bestimmt. Starke Niederschläge werden in den Baumkronen gebremst, das Regenwaser wird langsam nach unten abgeleitet. Schließlich liefern die Bäume große Mengen an Falllaub, das zu Boden fällt und in der Bodenschicht dann wieder abgebaut wird.

In einem solchen beschriebenen Mischwald mit verschiedenen Stockwerken finden eine Fülle von Organismen zusagende Lebensbedingungen. Das liegt zunächst daran, daß der gesamte Lebensraum gut strukturiert ist, daß viele ökologische Nischen vorhanden sind, wie die Ökologen sagen: Es steht ein reichhaltiges Angebot an verschiedenartigen Wohn- und Aufenthaltsräumen, an Verstecken, an Nahrung und Ernährungsmöglichkeiten zur Verfügung.

Solche Mischwälder weisen nicht nur eine vielfältige Flora auf, sie sind auch reich an tierischen Besiedlern. Denkt man einmal an die Vögel, so finden etwa Waldlaubsänger oder Rotkehlchen als Bodenbrüter Möglichkeiten genug, ihre Nester gut versteckt am Boden anzulegen. Amsel und Singdrossel brüten halbhoch und legen ihre Nester frei auf Zweigen und Ästen an; im Mischwald finden sie für ihre Nester genügend geeignete Plätze. In die Stämme der Bäume können Spechte ihre Höhlen

Stockwerkartiger Aufbau eines Mischwaldes.

zimmern und dort brüten. Die verlassenen Spechthöhlen wiederum werden von anderen Höhlenbrütern genutzt, die keine eigenen Höhlen bauen können. Hierzu gehören Meisen, Kleiber, Stare und Hohltauben. Die Kronen vor allem der Laubbäume bieten Greifvögeln wie Mäusebussard und Habicht Platz zur Anlage ihrer Horste.

Parallelen dazu kann man aufzeigen, wenn man die Ernährung der Vögel betrachtet. Einige Arten suchen am Boden Nahrung, andere auf der Baumrinde, wieder andere suchen im Blätterwald der Baumkronen nach Nahrung. Manche fressen Knospen und Früchte von Pflanzen, andere Insekten und Spinnen, und Greifvögel und Eulen fressen andere Vögel und kleine Säugetiere. An diesen wenigen Beispielen zeigt sich schon, daß wir im Mischwald mit einer artenreichen Vogelfauna rechnen können. Zudem ist eine intensive Verknüpfung der einzelnen Lebewesen untereinander vorhanden.

Nehmen wir jetzt die Säugetiere, dann zeigt sich Ähnliches wie bei den Vögeln. Einige Arten ernähren sich am Boden von Insekten und anderen Kleintieren, andere Säuger fressen die Pflanzen oder deren Früchte und Samen. Das Eichhörnchen ernährt sich sowohl am Boden wie in den Baumkronen. Der Baummarder stellt dem Eichhörnchen nach. Auch hier wird also eine netzartige Beziehung zwischen den Lebewesen sichtbar.

Als letzte Gruppe wollen wir die Insekten einbeziehen, unter denen es ja eine ganze Reihe von Schädlingen gibt, die in der Forstwirtschaft nicht zu Unrecht gefürchtet sind. In einem Mischwald finden sie ein vielfältiges Nahrungsangebot, ohne daß eine bestimmte Nahrung im Überfluß vorhanden wäre. Außerdem gibt es in einem solchen Waldtyp viele Freßfeinde der Insekten, nicht nur unter den Vögeln und Säugetieren, sondern auch unter den Insekten selbst.

In einem gut strukturierten Baumbestand spielt sich also ein biologisches Gleichgewicht ein, das zwar Schwankungen zeigt, aber kaum jemals stark gestört wird. Anders liegen die Verhältnisse in weniger abwechslungenreichen Wäldern. Besonders schlimm ist die Situation in reinen Fichtenforsten. Die auf großen Flächen angepflanzten Monokulturen zeichnen sich dadurch negativ aus, daß hier ein Überangebot an spezieller Nahrung besteht. Die Folge ist, daß sich Insekten, die auf diese Nahrung spezialisiert sind, stark vermehren können. Freßfeinde sind aber nur wenige vorhanden, da sie in diesem einseitigen Lebensraum keine entsprechenden Lebensbedingungen finden. Ein reiner Fichtenforst ist folglich ein schlecht stabilisierter Lebensraum. In Abständen gerät das biologische Gleichgewicht außer Kontrolle.

Waldbewirtschaftung

In diesem Abschnitt sollen einige Begriffe aus der Arbeit des Försters erläutert werden, die einerseits die Waldgeschichte widerspiegeln, andererseits aber auch biologisch-ökologische Probleme der Waldbewirtschaftung deutlich machen.

Gebüschartige Wälder nennt man Niederwälder. Die Bäume werden meist schon nach 1 bis 3 Jahrzehn-

Holzeinschlag in einem Waldkiefer-Bestand; zur Einleitung der Naturverjüngung sind einige Überhälter stehengeblieben.

ten geschlagen. An den in der Erde verbliebenen Stöcken bilden sich Stockausschläge, die man eine Zeitlang wachsen läßt, um sie dann zu schlagen, meist auf größeren Flächen. Bleiben in einem solchen Wald einzelne hohe Bäume als sogenannte Überhälter stehen, spricht man von einem Mittelwald.

Bei uns trifft man heute aber fast nur Hochwald an. Hier wachsen die Bäume aus Keimlingen oder ausgebrachten Jungpflanzen heran. Man läßt die Bäume mehrere Jahrzehnte wachsen, um sie dann auf großen Flächen zu schlagen (Kahlschlag).

Kahlschläge stellen einen tiefen Eingriff in die Ökologie des betreffenden Waldgebietes dar, so daß man auch den Weg des Plenter- und Femelschlages beschreitet. Hier werden nur einzelne hiebreife Bäume oder Baumgruppen herausgeschlagen, so daß Einschlag auf großen Flächen vermieden werden kann. Außerdem ist ein Plenter- oder ein Femelwald im allgemeinen abwechslungsreicher und damit ökologisch stabiler. Wendet man diese Art des Holzeinschlags an, dann kann man den Wald als Dauerwald bezeichnen. Es werden stets nur einige Bäume gefällt, aber die Flächen bleiben durchgehend von höherem Baumbestand bedeckt. Heute scheint bei Förstern und Forstwissenschaftlern ein Prozeß des Umdenkens begonnen zu haben, der in die Richtung eines ökologischen Waldbaus geht.

Funktionen des Waldes

Die nach wie vor wichtigste Funktion unserer Wälder bzw. Forsten ist es, Holz zu liefern. Holz wird in vielfältiger Weise verwendet und in großen Mengen gebraucht. Es findet als Bauholz Verwendung. Holz ist aber auch die Grundlage der Möbelindustrie. Und ein riesiger Teil des Holzes wird zu Papier und Pappe weiterverarbeitet. Holz wird auch als Brennmaterial benötigt, heute in wesentlich geringerem Maß als früher. Da Holz ein wichtiges Wirtschaftsgut ist, werden die Wälder also nicht allein ökologischen, sondern auch ökonomischen Vorgaben und Zwängen unterworfen.

Wälder haben aber auch eine wichtige Funktion bei der Bildung unseres Klimas. Die Pflanzen, vor allem die Waldbäume, produzieren große Mengen an Sauerstoff, der der Atmosphäre wieder zugeführt wird. Man geht davon aus, daß die großen Urwaldgebiete in Südamerika (die Amazonasurwälder) und in Afrika (die Urwälder im Kongobecken) maßgeblich auf den Sauerstoff- und den Kohlenstoffdioxidhaushalt der gesamten Erde einwirken! Über die

Blätter der Bäume wird auch Wasser in riesigen Mengen verdunstet und ebenfalls wieder in die Atmosphäre rückgeführt. Außerdem lagert sich auf den Blättern Staub ab, der dann bei Regenfällen abgewaschen und wieder dem Boden zugeführt wird. Der Staub wird also der Luft entzogen. Bei der Höhe der heutigen Luftverschmutzung ist diese Funktion sehr wichtig. Offensichtlich werden Leistungsvermögen und Resistenz der Bäume aber bereits in vielen Gebieten überfordert, was zu den als Waldsterben bezeichneten Auswirkungen führt.

Schließlich spielt heute der Freizeitwert des Waldes eine große Rolle. Denn viele Waldgebiete werden als Erholungsgebiete von Millionen von Menschen genutzt. Leider kann man den Freizeitwert der Wälder nicht so leicht in Geld umrechnen wie etwa die Holzmenge, die man einem Wald entnimmt. Sonst würden wir sicher vorsichtiger mit unseren Wäldern umgehen, vor allem das Fortschreiten der Waldschäden mit allen Mitteln zu stoppen versuchen.

Der Wald braucht Schutz

Waldgebiete bedürfen besonders heute des Schutzes durch den Menschen. Nicht nur, damit er weiter Holz und frische Luft liefern kann. Schließlich leben ja auch viele Pflanzen- und Tierarten im Wald. Und die sind gefährdet, wenn der Lebensraum gefährdet ist. In der »Roten Liste der gefährdeten Tiere und Pflanzen in der Bundesrepublik Deutschland« ist nachzulesen, wie es um die Waldbewohner steht. Hier seien einige im Wald vorkommenden Wirbeltiere herausgegriffen:

Ausgestorben oder verschollen:
Elch, Wisent, Auerochse, Wolf, Braunbär, Habichtskauz

Vom Aussterben bedroht:
Luchs, Große Hufeisennase, Steinadler, Schwarzstorch, Auerhuhn, Äskulapnatter

Stark gefährdet:
Wildkatze, Kleinabendsegler, Braunes Langohr, Uhu, Hohltaube, Mittelspecht, Neuntöter, Heidelerche, Haselhuhn, Kreuzotter

Gefährdet:
Dachs, Abendsegler, Bechsteinfledermaus, Iltis, Birkenmaus, Kolkrabe, Baumfalke, Sperlingskauz, Wendehals, Wespenbussard, Waldschnepfe, Schlingnatter

Potentiell gefährdet:
Baumschläfer, Habicht, Sperber, Rauhfußkauz

Bei den im Buch beschriebenen Arten wurde im Text jeweils erwähnt, wenn sie in die Rote Liste der Bundesrepublik Deutschland (Ausgabe 1984) aufgenommen sind.

Insgesamt zeigt die »Rote Liste« klar die Gefährdung vieler Tier- und Pflanzenarten auf. Die wesentliche Ursache dafür ist die Zerstörung von Lebensräumen. Nur wenn die Gesamtfläche unserer Wälder nicht mehr zugunsten des Straßen- und Wohnungsbaues reduziert wird, und wenn die Menschen ihren Wald entsprechend behandeln, besteht noch eine vage Hoffnung, daß etwas von dem erhalten bleibt, was viele Menschen im Wald suchen: Naturnähe, Ursprünglichkeit, vielleicht auch ein bißchen Abenteuer. Natur- und Umweltschutz sind heute einfach notwendig, wenn wir unsere Pflanzenwelt, die Tiere und letztlich den Lebensraum des Menschen erhalten wollen.

Beeren-Eibe

Taxus baccata

(Foto oben links)

Die Eibe – ein Nadelgehölz, das bei uns in Gärten und Parks häufig angepflanzt wird – wächst als Strauch oder als bis zu 20 m hoher Baum. Da sie Schatten verträgt, findet man sie im Unterwuchs von Laub- und Mischwäldern. Ihre Vorkommen liegen aber über Europa verstreut. Sie braucht nämlich wintermildes Klima mit ausgeglichener Luftfeuchtigkeit. Daher kommt die Eibe mehr in Mittel- und Westeuropa mit seinem vom Atlantik beeinflußten Klima vor als im Osten. Die flachen Nadeln und die auffällig roten, allerdings giftigen Früchte (s. Foto) sind eindeutige Kennzeichen. Die Eibe gilt nach der Roten Liste als »gefährdet«.

Europäische Lärche

Larix decidua

(Foto oben rechts)

Es ist für einen Nadelbaum durchaus nicht die Regel, daß er seine Nadeln das ganze Jahr über trägt. Die Lärche ist ein solcher nur sommergrüner Nadelbaum. Wenn sich die Nadeln im Herbst gelb verfärben, bietet ein Lärchenwald einen ungemein reizvollen Anblick. Typisch für den bis 40 m hohen Baum sind weiter die weichen, etwa 4 cm langen Nadeln, die in Büscheln an den Kurztrieben stehen. Man kann die Lärche daher kaum mit einem anderen europäischen Nadelbaum verwechseln. Ursprünglich kam sie nur in den Alpen, den Sudeten und den Karpaten vor, und in diesen Gebirgszügen in Lagen zwischen 1000 und 3000 m. Aber ihr Verbreitungsbild ist durch forstwirtschaftliche Maßnahmen verfälscht worden. Der raschwüchsige Baum liefert ein sehr hartes und geschätztes Nutzholz.

Wald-Kiefer, Föhre

Pinus sylvestris

(Fotos unten)

Zweig mit Blüten

Die Wald-Kiefer stellt keine großen Ansprüche an den Boden, aber sie ist eine ausgesprochene Lichtholzart. Die Kiefer kann beispielsweise auf Sandböden existieren, weil ihr Wurzelsystem in beträchtliche Tiefen hinabreicht, von wo das nötige Wasser emportransportiert wird. Die Pfahlwurzel bedingt auch, daß der Baum bei starkem Sturm nicht umgeworfen, sondern einige Meter oberhalb des Erdbodens abgeknickt wird. Der Nadelbaum wird 10 bis 30 m hoch. Die Rinde junger Kiefern ist rotbraun gefärbt, die älterer Bäume graubraun. Die bis zu 8 cm langen, zugespitzten, blaugrünen Nadeln stehen paarweise in kurzen Blattscheiden (Grafik). Blütezeit ist Mai bis Juni.

Die Wald-Kiefer ist der wichtigste Forstbaum Europas. Es gibt in Europa aber noch verschiedene andere *Pinus*-Arten, mit der man sie verwechseln kann. Hier sollte man ein spezielles Bestimmungsbuch für Bäume zu Rate ziehen.

Weiß-Tanne

Abies alba

(Fotos oben)

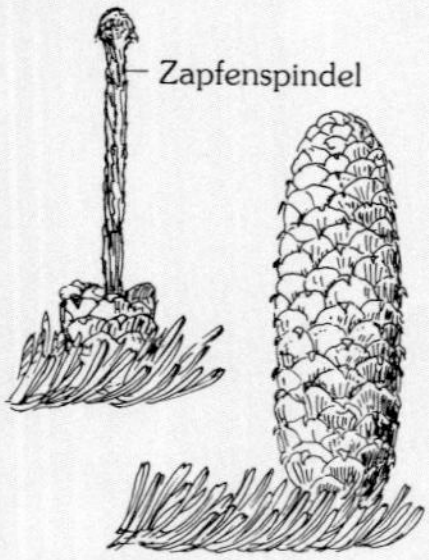

Zweig mit Zapfen

Die Weiß-Tanne wird bis zu 60 m hoch und ist der größte einheimische Nadelbaum überhaupt. Tannen brauchen kühlen, etwas feuchten und nährstoffreichen Boden, der aber tiefgründig sein sollte. Von der durchaus ähnlichen Fichte kann man die Tanne leicht an den Nadeln unterscheiden: Sie stehen bei der Tanne zweizeilig vom Zweig ab, sind flachgedrückt, nicht zugespitzt und tragen auf ihrer Unterseite zwei charakteristische, helle Wachsstreifen (s. Foto oben rechts). Ihre Zapfen stehen auf den Zweigen. Die Schuppen fallen einzeln ab, so daß auf dem Zweig die Zapfenspindel zurückbleibt (Grafik). Die »Tannenzapfen«, die man am Waldboden findet, sind also stets die Zapfen der Fichte! Durch Schäden an Weiß-Tannen wurden Förster und Wissenschaftler zuerst auf das Waldsterben aufmerksam.

Fichte

Picea abies

(Fotos unten)

Zweig mit Zapfen

Die 30 bis 50 m hohe Fichte ist neben der Kiefer der wohl bekannteste Nadelbaum in Mitteleuropa. Ihre natürlichen Verbreitungsgebiete liegen in den Mittel- und Hochgebirgen und in Skandinavien. Die Fichte wird aber als schnellwüchsiger Baum auch in vielen anderen Gegenden angepflanzt, so daß wir heute ein Verbreitungsbild vor uns haben, das stark vom Menschen beeinflußt ist. Die typischen Merkmale der Fichte sind die spitzkegelige Krone (vgl. Foto unten links) und die rotbraune Rinde, die dem Baum in manchen Gebieten auch den Namen »Rottanne« eingebracht hat. Bei älteren Bäumen kann die Rinde jedoch auch grau aussehen; besonders häufig sieht man dies in Gebirgslagen. Weiter stehen die etwa 2 cm langen Nadeln allseitig um den Zweig herum; sie sind meist nach vorne gerichtet. Die Nadeln haben eine vierkantige Form und sind vorne zugespitzt (s. Foto unten rechts). Diese Kennzeichen sind bei einem Vergleich mit der Tanne wichtig. Wesentlich für die Unterscheidung zwischen Fichte und Tanne ist noch die Tatsache, daß die reifen Zapfen bei der Fichte an den Zweigen hängen (Grafik). Außerdem fallen sie als Ganzes ab. Die Fichte ist ein Flachwurzler, d.h. ihre Wurzeln dehnen sich in erster Linie horizontal aus. Daher sind die Bäume stark durch Windbruch gefährdet. Auf einem Waldspaziergang sieht man häufig die Wurzelteller umgestürzter Fichten. Das Holz der Fichten wird hauptsächlich zur Papierherstellung genutzt. Daneben findet es aber auch als Bauholz Verwendung. Und nicht zuletzt werden viele Fichten im Winter als Weihnachtsbäume geschlagen.

Rotbuche

Fagus sylvatica

(Fotos oben)

Zweig mit Blüten

Die Rotbuche ist der wohl bekannteste Laubbaum mitteleuropäischer Wälder. In Deutschland nimmt sie etwa die Hälfte der von Laubwäldern bestandenen Flächen ein. Da die Buche kein kontinentales Klima verträgt, dehnt sich ihr Verbreitungsgebiet nicht sehr weit nach Osten aus. Buchen werden 30 bis 40 m hoch. Für alte Bäume ist die kuppelförmige Krone typisch. Im Bestand haben die Bäume bis in 20 m Höhe kaum Äste, so daß der Eindruck eines natürlichen Doms entsteht. Kennzeichnend für die Buche ist weiter die glatte, graue Rinde. Die Blätter sind von elliptischer Form, haben 5 bis 9 deutliche Nervenpaare, und ihr Rand ist flaumig bewimpert (s. Foto oben links). Die Blätter sind, wenn der Baum im Schatten steht, heller grün und dünnhäutiger als wenn der Baum frei oder am Waldrand steht. Die Blüten sind unscheinbar gefärbt. Die männlichen Kätzchenblüten stehen büschelig zusammen an den Enden langer Stiele; die weiblichen Blüten stehen in den obersten Blattachseln (Grafik). Als windblütige Pflanze kann die Rotbuche auf einen auffälligen Schauapparat verzichten. Die Blüten werden daher nur wenige bewußt gesehen haben, bekannter sind dagegen die Früchte der Buche, die Bucheckern (s. Foto oben rechts).

Stiel-Eiche

Quercus robur

(Fotos unten)

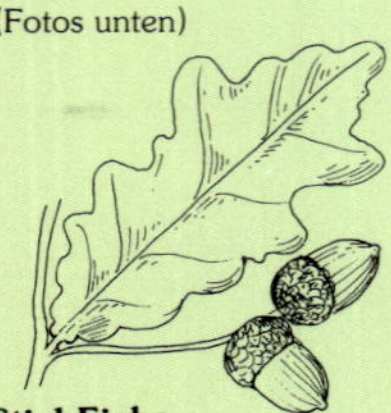

Stiel-Eiche

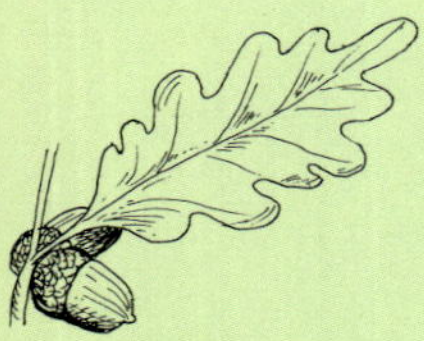

Trauben-Eiche

Eichen werden bis zu 45 m hoch und bis zu 600 Jahre alt. Sie sind mehr oder weniger stark verästelt; die Borke weist tiefe Risse auf. Daher haben die Bäume oft ein bizarres Aussehen (s. Foto unten links). In Mitteleuropa spielen vor allem zwei Eichenarten eine Rolle, die Stiel-Eiche und die **Trauben-Eiche** (auch Stein-Eiche genannt, *Quercus petraea*). Bei der Stiel-Eiche ist der Stiel der typischen, gelappten Blätter sehr kurz, bei der Trauben-Eiche sind die Blätter dagegen 1 bis 3 cm lang gestielt (Grafik). Die Blätter sind bei der Stiel-Eiche eher unregelmäßig gelappt und am Grund herzförmig geöhrt, bei der Trauben-Eiche meist symmetrisch. Bei der Stiel-Eiche sitzen die Früchte, die bekannten Eicheln, an langen Stielen (hierauf bezieht sich der Name »Stiel«-Eiche!), bei der Trauben-Eiche sind sie kurz gestielt (Grafik). Die Stiel-Eiche kommt auf frischen und tiefgründigen Böden vor, die Trauben-Eiche eher auf trockenen, steinigen Böden. Die beiden Eichenarten stellen also verschiedene Ansprüche an den Standort. Eichen sind wie die Rotbuche windblütig; Blütezeit ist April/Mai (im Foto unten rechts die männlichen Blütenkätzchen).

Hänge-Birke
Betula pendula

(Foto oben links)

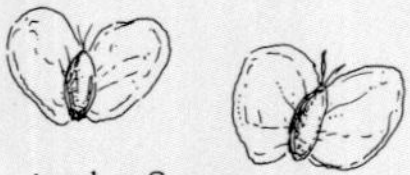

einzelne Samen

Auf Grund der herunterhängenden jungen Triebe hat dieser Baum mit der typischen weißen Borke seinen Artnamen bekommen. Sie sind außerdem mit vielen warzigen Harzdrüsen besetzt, daher auch der Name Warzen-Birke. Der Baum ist mit Ausnahme der Iberischen Halbinsel über fast ganz Europa verbreitet. Er wächst vor allem in trockenen Lagen, oft als Erstbesiedler auf Sandböden. Die reifen Kätzchen (Foto) entlassen im Sommer geflügelte Samen (Grafik).

Schwarze Erle
Alnus glutinosa

(Foto oben rechts)

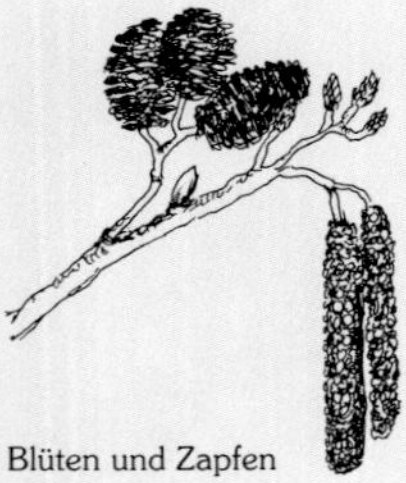

Blüten und Zapfen

Die Schwarze Erle – ein bis zu 25 m hoher, oft mehrstämmig wachsender Laubbaum – verträgt sehr hohe Bodenfeuchtigkeit. Sie ist also für Auen- und Bruchwälder typisch. Der Baum ist über Mittel- und Nordeuropa verbreitet und geht bis nach Sibirien hinein ostwärts. Die Rinde dieser Erlenart ist schwarzgrau und zeigt tiefe Risse. Die jungen Triebe sind klebrig. Die Blätter sind rundlich oder verkehrt-eiförmig und an der Spitze abgerundet, oft auch leicht eingebuchtet. Sie weisen 5 bis 6 Paare von Blattnerven auf; die Ränder der Blätter sind doppelt gesägt (s. Foto). Ende März/Anfang April blühen die Kätzchen auf (Grafik). Interessant ist, daß Erlen im Wurzelbereich mit Strahlenpilzen eng zusammenleben. An freihängenden Wurzeln sieht man kleine Knöllchen, die von den Symbionten hervorgerufen werden. Für die Erle hat das Zusammenleben mit den Strahlenpilzen den Vorteil, daß der in der Luft enthaltene Stickstoff verwertet werden kann, der für den Baum sonst nicht direkt zugänglich ist.

Gewöhnliche Hainbuche
Carpinus betulus

(Fotos unten)

Die Hainbuche kann man auf den ersten Blick leicht mit der Rotbuche verwechseln, vor allem wenn beide Arten als Jungbäume nebeneinander stehen. Die Hainbuche wird etwa 25 m hoch. Durch Stockausschläge kommt meist eine von unten herauf dichtere Wuchsform zustande als bei der Rotbuche. Die Blätter beider Bäume ähneln sich. Hainbuchenblätter zeigen aber eine dichtere Nervatur als Rotbuchenblätter, und die Blattoberfläche erscheint durch die Nerven stärker strukturiert; zudem ist der Blattrand gesägt (s. Foto unten links). An den Früchten kann man beide Bäume leicht auseinanderhalten: Die Hainbuche hat dreilappige Flugfrüchte (s. Foto unten rechts), die Rotbuche die bekannten Bucheckern (s. Foto S. 19). Die Hainbuche ist in die Familie der Haselnußgewächse (Corylaceae) einzuordnen, während die Rotbuche zur Familie der Buchengewächse (Fagaceae) gehört.

Eberesche, Vogelbeerbaum

Sorbus aucuparia

Blatt und Blütenstand

Auf den ersten Blick kann man die Blätter der Eberesche vielleicht mit denen der Esche *(Fraxinus excelsior)* verwechseln (s. Foto S. 25). Die Blätter beider Baumarten sind unpaarig gefiedert, die der Eberesche sind aber stärker gesägt und gezähnt als die der Esche. Sie sitzen außerdem wechselständig an den Zweigen, nicht gegenständig. Ebereschen werden auch nur bis zu 15 m hoch. Der Stamm ist grauschwarz gefärbt. Im Mai/Juni blühen die Ebereschen; die zahlreichen weißen Blüten bilden eine Trugdolde von etwa 15 cm Durchmesser (Grafik). Die Blütenstände sind ein eindeutiges Kennzeichen, noch mehr aber die Früchte, die typischen, roten »Vogelbeeren« (s. Foto). Hier treffen wir auf einen möglichen Mechanismus, wie sich Pflanzen ausbreiten können: Die signalfarbenen Früchte werden von Vögeln gefressen, die aber nur das Fruchtfleisch verdauen können, während die Samen unversehrt den Darm passieren. An oft weit von der Mutterpflanze entfernter Stelle werden die Samen dann mit dem Kot wieder ausgeschieden. Auf diese Weise erhöht sich die Chance, daß die Samen an einen zur Keimung günstigen Ort gelangen.

Berg-Ahorn

Acer pseudo-platanus

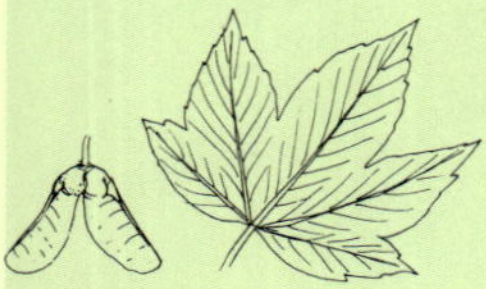

Berg-Ahorn

Spitz-Ahorn

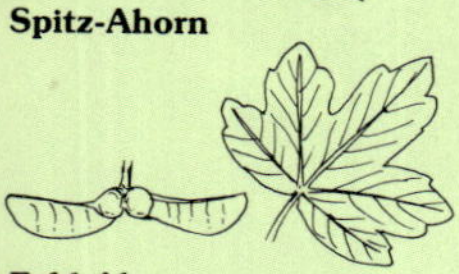

Feld-Ahorn

Der Berg-Ahorn braucht zum Gedeihen feuchten, nährstoffreichen Boden, der in den obersten Schichten humusreich sein sollte. Da der Baum an das Licht und die Wärme nur mäßige Ansprüche stellt, finden wir ihn vor allem in Schluchtwäldern und in feuchten Hangmischwäldern. Mittelgebirgslagen sind deutlich bevorzugt, doch wächst der Berg-Ahorn auch im Hochgebirge bis hinauf zur Laubwaldgrenze. Bisweilen findet man diese Ahornart auch in Auwäldern. Die hängenden Blütenstände (s. Foto) erscheinen mit den Blättern im April/Mai.

Neben dem Berg-Ahorn kommen in Mitteleuropa noch verschiedene weitere Ahornarten vor. Die beiden bekanntesten unter ihnen sind der **Spitz-Ahorn** *(Acer platanoides)* und der **Feld-Ahorn** *(Acer campestre).* Der Spitz-Ahorn ist in Mischwäldern – sowohl als Baum wie auch als Strauch – weit verbreitet. Den fast immer als Strauch wachsenden Feld-Ahorn trifft man am ehesten an Waldrändern an. Die einzelnen Arten lassen sich an der unterschiedlichen Form ihrer gelappten, gegenständigen Blätter und ihrer Früchte leicht auseinanderhalten (Grafik).

Espe, Zitter-Pappel

Populus tremula

(Fotos oben)

Blüten

Espen können bis zu 35 m hoch werden. Sie brauchen eine gewisse Bodenfeuchtigkeit, stellen aber keine großen Ansprüche an den Nährstoffgehalt des Standorts. Dagegen ist die Art recht licht- und wärmebedürftig. Man findet Espen folglich am ehesten an Waldrändern und zusammen mit Sträuchern wie dem Schlehdorn (=Schwarzdorn), dem Weißdorn oder dem Blutroten Hartriegel in größeren Gebüschgruppen und Hecken. An den Blättern kann man die Espe leicht erkennen: Sie zeigen eine fast kreisrunde Form und sind lang gestielt (s. Foto oben rechts). Bereits beim leisesten Luftzug bewegen sie sich. Aus dieser Beobachtung erklärt sich die Redensart »zittern wie Espenlaub«. Blütenkätzchen (Grafik) hängend; Blütezeit März/April, Fruchtreife bereits im Mai.

Gewöhnliche Esche

Fraxinus excelsior

(Foto unten)

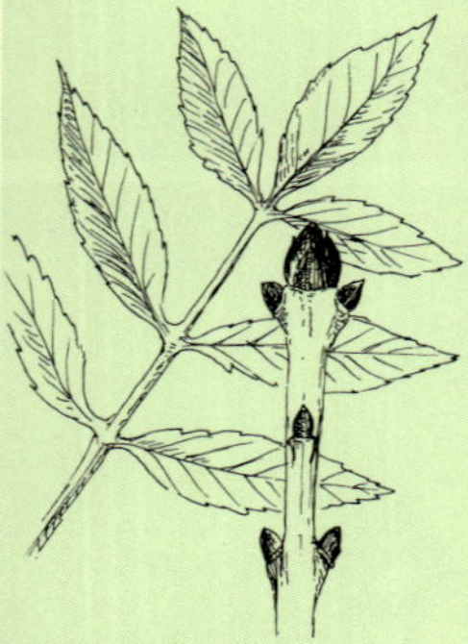

Blatt und Knospen

Die Esche ist über fast ganz Europa und Nordasien verbreitet. Zum Gedeihen braucht der Baum lockeren, tiefgründigen und nährstoffreichen Boden, der eine ziemlich hohe Feuchtigkeit aufweisen muß. Daher findet man Eschenbestände – wie Bestände der Schwarzen Erle – besonders in Auenwäldern. Ihre Borke ist grau gefärbt und zeigt nicht sehr tiefe Längsrisse. Wie bei der Schwarzen Erle, erscheinen auch bei der Esche die Blüten, bevor sich die Blätter entfalten. Blühende Eschen trifft man im April/Mai an. Die schlanken Bäume werden bis zu 40 m hoch. Meist haben sie bis hoch hinauf keine Äste, so daß man sie, wenn dann noch im Juni das Laub voll entfaltet ist, relativ leicht erkennen kann. Die Blätter sind charakteristisch: Sie sind unpaarig gefiedert, d.h. sie haben eine Endfieder (Grafik). Die Blätter werden bis zu 30 cm lang und sind gegenständig am Zweig angeordnet. Die geflügelten Früchte (s. Foto) bleiben den Winter über am Baum hängen; auch daran ist die Esche leicht zu erkennen.

Die Flügel an den Früchten sind ein weiterer Mechanismus, mit dem eine Pflanze ihre Samen oder Früchte wirkungsvoll verbreiten lassen kann. Würde ein Samen direkt nach unten fallen, bestände kaum eine Chance, daß daraus ein neuer Baum bis zu voller Größe heranwachsen kann. Die Konkurrenz um Licht, Wurzelraum und Nährstoffe wäre zu groß. Aber auch wenn ein besonderer Verbreitungsmechanismus vorhanden ist, muß immer noch eine Vielzahl von Samen ausgebildet werden, damit eine Pflanze ihr Verbreitungsgebiet ausdehnen und die Art sich erhalten kann.

Gewöhnliche Hasel

Corylus avellana

(Fotos oben)

Blatt und Blüte

Die als Strauch wachsende Gewöhnliche Hasel ist eine Lichtholzart und bevorzugt deshalb freie Stellen im Wald oder noch eher die Waldränder. Dort wächst sie zusammen mit verschiedenen anderen Sträuchern, etwa dem Feld-Ahorn oder dem Blutroten Hartriegel. Die Hasel kommt überall in Europa häufig vor. Ihre Blätter sind rundlich oder verkehrt-eiförmig, zugespitzt und am Grund meist herzförmig eingebuchtet (Grafik). Oft schon im Februar – lange vor den Blättern – erscheinen die typischen männlichen Blütenstände, im Volksmund auch »Lämmerschwänzchen« genannt (s. Foto oben links). Weniger bekannt sind die weiblichen Blüten, die auf demselben Strauch stehen. Aus eiförmigen grünen Knospen ragen die roten Griffel heraus (Grafik). Im Herbst ist der Strauch dann gut an den Früchten, den bekannten Haselnüssen, zu erkennen (s. Foto oben rechts). Die Nüsse stehen meist zu mehreren dicht beieinander. Sie werden von Eichelhähern, Spechten, Eichhörnchen, Mäusen und Bilchen gerne gefressen.

Himbeere

Rubus idaeus

(Foto unten links)

Die Himbeere braucht kaum vorgestellt zu werden, denn sie ist wohl jedem Waldwanderer wegen ihrer roten, wohlschmeckenden Früchte bekannt. Der bis zu 1,50 m hohe Strauch wächst besonders auf feuchten, nährstoffreichen Böden, deren Untergrund steinig sein kann. Die Pflanze ist sehr lichtbedürftig und gedeiht daher am besten auf Waldlichtungen, Kahlschlägen und an Waldrändern.

Ähnliche Ansprüche stellt die nahe verwandte **Echte Brombeere** *(Rubus fruticosus),* die an den schwarzblauen, ebenfalls gerne geernteten Früchten leicht zu erkennen ist.

Blutroter Hartriegel

Cornus sanguinea

(Foto unten rechts)

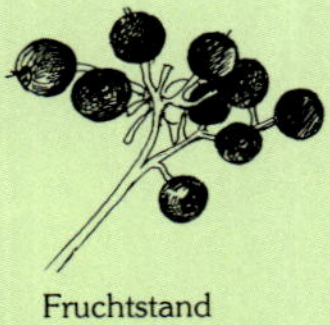

Fruchtstand

Ein weiterer – bis zu 5 m hoher – Strauch, dem man in Waldrandgesellschaften und in Hecken begegnet, ist der Blutrote Hartriegel. Seinen Namen trägt er auf Grund der rötlich überlaufenen, jungen Zweige. Die elliptischen, zugespitzten Blätter sind gegenständig an den Zweigen angeordnet. Auf der Ober- und Unterseite sind sie grün und locker behaart. Im Mai/Juni öffnen sich die weißlichen, in Trugdolden zusammengefaßten Blüten (s. Foto). Die Früchte sind schwarz (Grafik). Der Blutrote Hartriegel ist über fast ganz Europa verbreitet.

Europäisches Pfaffenhütchen, Spindelstrauch

Euonymus europaea

(Fotos oben)

Das Pfaffenhütchen wächst oft mit den drei vorigen Arten zusammen in Gebüschen, an Waldrändern, an offenen Stellen im Wald und ähnlichen Standorten. Der bis zu 3 m hohe, sperrige Strauch ist nicht ganz leicht zu erkennen, solange er keine Früchte trägt. Die gegenständigen Blätter sind von elliptisch-lanzettlicher Form und am Rand leicht gesägt. Die gelbgrünen, vierzähligen Blüten sind zwar klein, aber immerhin fällt der Strauch dann schon mehr auf (s. Foto oben links). Er blüht im Mai/Juni. Die nicht zu übersehenden Früchte haben dem Strauch dagegen sogar seinen Namen eingetragen: Die Kapseln sind vierkantig, abgerundet und karminrot gefärbt; sie sehen der Kopfbedeckung geistlicher Würdenträger ähnlich. Die Kapseln platzen später auf, und die Samen mit ihrem kräftig orangefarbenen Mantel werden sichtbar (s. Foto oben rechts). Die Samen sind für den Menschen giftig; besonders Kinder sollte man auf die Gefahr aufmerksam machen! Vögel dagegen vertragen die Samen ohne Schaden und tragen zur weiteren Ausbreitung der Art bei.

Kellerhals, Gewöhnlicher Seidelbast

Daphne mezereum

(Fotos unten)

Zweig mit Früchten

Der Kellerhals oder Seidelbast liebt Kalkboden und kommt zerstreut in Laub- und Laubmischwäldern in fast ganz Europa vor. Er ist darüber hinaus über Teile Asiens verbreitet. Der kleine, bis 1,50 m hohe Strauch fängt schon im Februar an zu blühen, lange bevor die ersten Blätter erscheinen. Die zu mehreren zusammenstehenden rosa gefärbten Blüten (Foto unten links) duften sehr stark. Wegen des frühen Blühtermins und des angenehmen Duftes wird der Seidelbast gerne als Zierstrauch angepflanzt. Die bis 8 cm langen, lanzettlichen Blätter stehen an den Zweigenden gehäuft, in den übrigen Abschnitten der Triebe weniger dicht (s. Grafik). Die Früchte werden etwa erbsengroß. Zunächst sind die Beeren glänzend grün, in reifem Zustand dann glänzend rot gefärbt (s. Foto unten rechts). Sie sind sehr giftig, und man sollte Kinder unbedingt rechtzeitig auf die Pflanze hinweisen! Überhaupt gibt es im Wald verschiedene Giftpflanzen, die Kindern bekannt sein sollten. Zu schnell kann ein freudig begonnener Waldspaziergang sonst in einem Krankenhaus enden!

Preiselbeere
Vaccinium vitis-idaea

(Foto oben links)

Die gerade kniehohen Arten der Gattung *Vaccinium* – man spricht wegen ihrer Größe von »Zwergsträuchern« – wachsen alle auf saurem Boden. Die Preiselbeere findet man vor allem in Kiefern- und Fichtenwäldern. Die derben, auch im Winter grünen Blätter sind am Rand eingerollt. Die Blüten – kleine, weißlich-rosa gefärbte Glöckchen – stehen zu mehreren in traubigen Blütenständen vereinigt (s. Foto). Sie öffnen sich in der Zeit zwischen Mai und Juli. Die roten Früchte werden gerne gesammelt. Aus ihnen läßt sich ein vorzügliches Kompott bereiten.

Blaubeere, Heidelbeere
Vaccinium myrtillus

(Foto oben rechts)

In unseren Wäldern häufigste *Vaccinium*–Art ist die Heidelbeere. Man findet sie besonders in lichten Baumbeständen auf Urgestein. Typisch sind der kantige, kahle Stengel und die fein gesägten, eiförmigen Blätter. Im Mai/Juni erscheinen die grünlich-rötlich gefärbten, glockenförmigen Blüten. Wenn der Zwergstrauch im Spätsommer und Herbst seine schwarzblauen, hellblau bereiften Früchte trägt, wird ihn wohl jeder erkennen.

Wolliger Schneeball
Viburnum lantana

(Foto unten)

Der Wollige Schneeball kommt in Hecken, in Feldgehölzen und an Waldrändern vor. Der Strauch wird 1 bis 2,50 m hoch. Seine Blätter zeigen eine eiförmige Gestalt. Sie sind auf der Unterseite filzig behaart, auf der Oberseite fällt die netzartige Runzelung auf. Die Blüten sind zu Blütenständen (Trugdolden) zusammengefaßt. Die Einzelblüten sind hier alle gleich groß (s. Foto). Die Früchte sind anfangs rötlich gefärbt, später glänzend schwarz.

Neben dem Wolligen Schneeball trifft man bisweilen auch den **Gewöhnlichen Schneeball** *(Viburnum opulus)* an. Diese Art wird 1 bis 3 m hoch. Erkennen kann man sie einerseits an den drei-, manchmal auch fünflappigen Blättern (Grafik). Andererseits sind die Blütenstände sehr auffällig: Um ein Zentrum von kleinen, unscheinbaren Blüten stehen zu einem Kranz angeordnet größere, schneeweiße Blüten (daher der Name »Schnee«-ball!). Letztere sind steril und haben lediglich die Funktion, den Blütenstand insgesamt auffälliger zu gestalten und Insekten zur Bestäubung anzulocken. Man spricht hier von Schaublüten (Grafik). Im Herbst hängen die Schneeballgebüsche voll roter Früchte.

Beide Schneeballarten blühen im Mai/Juni.

Gewöhnlicher Schneeball

Gewöhnliche Waldrebe

Clematis vitalba

(Foto oben links)

Blatt und Blüten

Auf dieser Seite werden Pflanzen vorgestellt, die biologisch besonders interessant sind, weil sie auf Bäume und Sträucher klettern können bzw. auf ihnen leben. Die Waldrebe stellt nur bescheidene Ansprüche an den Untergrund, aber sie ist sehr lichtbedürftig. Und Licht ist im Wald am ehesten zu finden, wenn die Pflanze möglichst weit nach oben gelangt. Wenn eine Pflanze aber selbst nicht sehr hoch werden kann (der Stengel der Waldrebe ist zwar verholzt, aber recht dünn), dann bleibt nur die Möglichkeit, an anderen hohen Pflanzen (Bäumen) emporzuklettern, um in einiger Höhe in stärkeren Lichtgenuß zu kommen als am Boden. Die Waldrebe benutzt zum Klettern ihre Blattstiele und erreicht manchmal Höhen von 20 m. Diese Liane – so nennt man den Typ von Pflanzen – blüht von Juni bis September; die Blüten sind gelblichweiß gefärbt (Grafik). Typisch sind die Früchte, die einen interessanten Flugapparat zeigen (s. Foto).

Gewöhnlicher Efeu

Hedera helix

(Foto oben rechts)

Blätter und Blütenstand

Der Efeu ist nicht sehr anspruchsvoll, was den Boden angeht, er bevorzugt aber Kalkuntergrund. Halbschattige und schattige Standorte werden eher besiedelt als offene Stellen. Efeu kommt in Laubwäldern im mittleren und westlichen Europa vor. Die Pflanze ist etwas frostempfindlich, verträgt daher kontinentales Klima nicht und geht nicht weit nach Osten. Efeu wird aber vielfach angepflanzt und verwilderte an Stellen, wo er früher nie vorkam. Klettert die Waldrebe mit Hilfe der Blattstiele, so erreicht der Efeu ähnliche Höhen, wenn auch mit einem anderen Mechanismus: Er klettert mit Haftwurzeln. Der Untergrund kann Gestein sein, der Efeu klettert aber auch an Baumstämmen empor. Darüber hinaus zeigt der Efeu ein bemerkenswertes Phänomen, das die Botaniker Heterophyllie nennen: Im bodennahen Bereich sind die winterharten Blätter gelappt (s. Foto), an den oberen blühenden Sprossen finden wir dagegen rautenförmige Blätter (Grafik). Efeu blüht im Herbst, die blauschwarzen Früchte erscheinen im darauffolgenden Frühjahr.

Laubholz-Mistel

Viscum album

(Fotos unten)

Dieser bis zu 1 m hohe Strauch wächst direkt auf anderen Pflanzen, meist auf hohen Bäumen (s. Foto unten links). Der Halbschmarotzer treibt Senker in die Äste der Mutterpflanze und zweigt für sich Wasser und Nährsalze ab. Typisch sind die gegenständigen Blätter und die weißen, glasigen Früchte (s. Foto unten rechts). Misteln sind über ganz Europa verbreitet.

Busch-Windröschen

Anemone nemorosa

Wurzelstock

Im zeitigen Frühjahr, lange bevor an den Laubbäumen die ersten Blätter erscheinen, blühen am Waldboden verschiedene Pflanzen, die oft in Herden wachsen und den Aspekt eines Waldes prägen (vgl. Foto S. 9). Man nennt diese Gruppe von Pflanzen Frühblüher. Die Lichtstrahlen können zwar in dieser Jahreszeit ungehindert bis zum Boden gelangen, aber die Tageslichtdauer und die Strahlungsintensität würden es dennoch den Pflanzen nicht ermöglichen, Baustoffe für Blüten und Blätter zu produzieren. Die Frühblüher können aber so früh im Jahr wachsen und blühen, weil sie über Speicherorgane verfügen, in denen bereits im Vorjahr diese Bausubstanz angesammelt wurde.

Ein über große Teile Europas und Asiens verbreiteter Frühblüher ist das Busch-Windröschen. Würde man eine Pflanze ausgraben, stieße man auf einen verdickten Wurzelstock, der als Speicherorgan fungiert (Grafik). Seine drei Fiederblätter bilden einen Wirtel, aus dessen Zentrum der Blütenstiel entspringt. Die Blüten sind aus sechs rosa überhauchten, weißen Kronblättern und zahlreichen Stempeln und Staubblättern aufgebaut. Immer wieder sind Waldspaziergänger verlockt, einen Strauß Busch-Windröschen zu pflücken. Die Pflanzen welken aber sehr rasch, denn die Blätter besitzen keinerlei Verdunstungsschutz. Auf dem im Frühjahr vom Winter her noch ausreichend feuchten Boden brauchen die Pflanzen solche Einrichtungen auch gar nicht. Wenn im Mai/Juni das Kronendach geschlossen ist und kaum mehr Licht zum Waldboden dringt, sterben die Busch-Windröschen ab.

Dreilappiges Leberblümchen

Hepatica nobilis

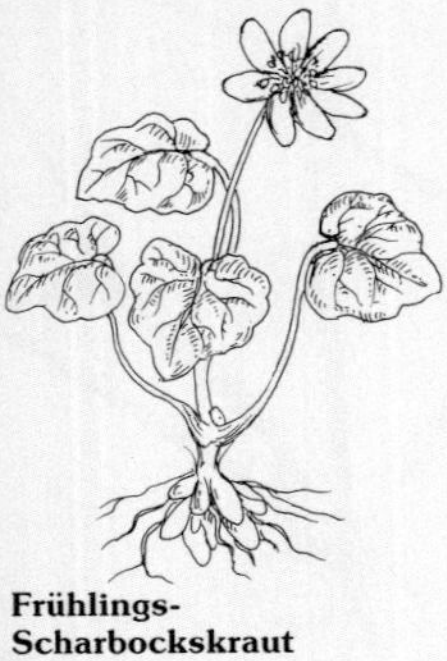

Frühlings-Scharbockskraut

Das mit dem Busch-Windröschen nahe verwandte Leberblümchen ist ebenfalls ein Frühblüher. Im Unterschied zu der vorigen Art bleiben die typischen, dreilappigen Blätter den Winter über erhalten. Die blauen Blüten sind gleich gebaut wie die des Busch-Windröschens. Wenn die Pflanze verblüht ist, erscheinen die neuen Blätter; die vorjährigen sterben dann ab. Leberblümchen wachsen oft herdenweise in schattigen Laubwäldern auf frischen, nährstoffreichen, meist kalkhaltigen, lockeren Böden mit einer entsprechenden Mullschicht.

Ein weiterer Frühblüher ist das **Frühlings-Scharbockskraut** (*Ficaria verna;* s. Grafik). Diese Pflanze speichert die Nährstoffe in den keulenförmig verdickten Wurzeln. Die herz- oder nierenförmigen Blätter erscheinen fleischig und glänzend. Die Blüten sind gelb.

Hohler Lerchensporn

Corydalis cava

(Foto oben)

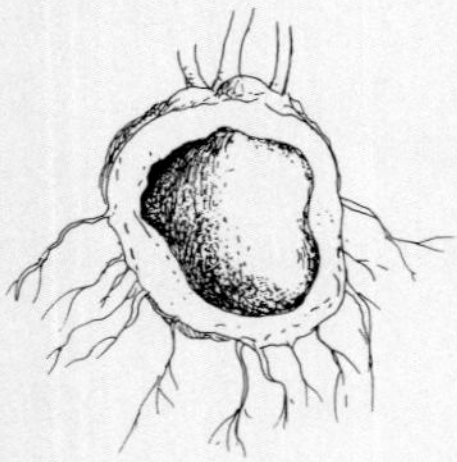

Knolle, aufgeschnitten

Auch einige der verschiedenen Lerchenspornarten, die in Mitteleuropa vorkommen, zählen zu den Frühblühern. Der Hohle Lerchensporn blüht manchmal bereits im März. Die zum Aufbau der Blätter und Blüten notwendige Substanz beziehen die Pflanzen aus den überwinternden, hohlen Knollen (daher der Artname, vgl. Grafik). Die doppelt-dreizähligen Blätter werden von einer endständigen Blütentraube überragt. Die Traube kann 10 bis 20 Einzelblüten vereinigen, deren Farbe von lila über rötlich bis weiß variieren kann. Der Hohle Lerchensporn wird etwa 25 cm hoch. Er wächst meist in Herden oder sogar großen Beständen. Man findet ihn in lichten Laubwäldern – vor allem Buchenwäldern – mit einer gut ausgebildeten Krautschicht. Er ist eine Mullbodenpflanze und zeigt nährstoffreichen Lehmboden an.

Haselwurz

Asarum europaeum

(Foto unten links)

Die Haselwurz kommt ziemlich häufig an schattigen Stellen in krautreichen Laub- und Nadelmischwäldern und in Auenwäldern vor. Der Boden muß feucht und nährstoffreich sein, vor allem aber Kalk enthalten. Charakteristisch sind die dunkelgrünen, nierenförmigen Blätter; sie sitzen an langen, behaarten Stielen. Da sie ledrig-derb sind, können die Blätter den Winter überdauern. Biegt man sie im März/April auseinander, entdeckt man die rotbraunen Blüten. Wenn man sie zerreibt, riechen sie stark nach Pfeffer. Erst nach der Blüte erscheinen die diesjährigen Blätter. Die Pflanze bildet nach erfolgter Selbstbestäubung Samen mit fleischigen Anhängen aus, die Ameisen anlocken. Bei der Haselwurz übernehmen also Ameisen die Ausbreitung der Samen.

Wald-Erdbeere

Fragaria vesca

(Foto unten rechts)

Früchte (Sammelfrüchte)

Auf Kahlschlägen, entlang der Waldwege und an Waldrändern findet man regelmäßig die Wald-Erdbeere. Wie eine verkleinerte Ausgabe der im Garten angepflanzten Erdbeere sieht sie aus. Die Wald-Erdbeere zeigt – genau wie die Gartenform – die typischen, gezähnten, dreiteiligen Fiederblätter und die weißen Blüten (s. Foto). Von April bis Juni kann man die Waldpflanze blühend antreffen. Einige Zeit später reifen dann die Früchte. Biologisch richtig ist aber, von Schein- bzw. Sammelfrüchten zu sprechen, denn bei den Erdbeeren sitzen viele gelbliche Samen auf dem fleischigen roten Blütenboden (Grafik). Übrigens: Walderdbeeren geben eine vorzügliche Bowle ab! Man kann sie fast überall sammeln, von ebenen Lagen bis ins Hochgebirge.

Frühlings-Platterbse

Lathyrus vernus

(Foto oben links)

Schmetterlingsblüte

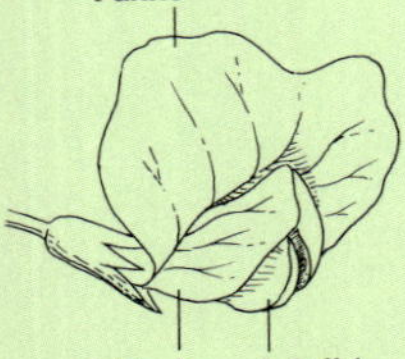

Die Frühlings-Platterbse ist, wie ihr Name schon nahelegt, ein Frühblüher – genau wie das schon vorgestellte Busch-Windröschen, das Leberblümchen und der Hohle Lerchensporn. Man findet die Pflanze in krautreichen Buchen- und Nadelmischwäldern auf frischen, nährstoffreichen, lockeren Ton- und Lehmböden von der Ebene bis in Hochgebirgslagen. Sie gehört zur Familie der Schmetterlingsblütler (zum Bau der Blüten s. Grafik). Oft ist sie schon im März blühend anzutreffen. Die Blüten sind anfangs purpurn, dann blau und zuletzt grünlich gefärbt. Das liegt daran, daß bestimmte Blütenfarbstoffe in Abhängigkeit von den Bedingungen in den Zellen ihre Farbe ändern. Dasselbe Phänomen tritt auch beim Lungenkraut (s. S. 44/45) auf. Die unpaarig gefiederten Blätter setzen sich aus 4 bis 6 Blättchen zusammen; die Endfieder ist nur als kurze Spitze vorhanden.

Schmalblättriges Weidenröschen

Epilobium angustifolium

(Foto oben rechts)

Fruchtstand

Von den verschiedenen, in Europa vorkommenden Weidenröschenarten sei hier das Schmalblättrige Weidenröschen besprochen. Es ist eine ganz typische Pflanze der Kahlschläge, aber es kommt natürlich auch an anderen freien Stellen im Wald und an Waldrändern vor. Vielfach sind die ihr zusagenden Flächen im Sommer über und über rot gefärbt von den auffälligen Blütenständen, denn das Weidenröschen wächst meist in großen Beständen. Wegen der kräftig gefärbten Blüten nennt man die Pflanze auch Feuerkraut. Wenn die Blüten bestäubt sind, reifen die Samen heran. Diese besitzen einen Flugapparat, der hier aus einer Haarkrone besteht (Grafik). Der sehr effektive Verbreitungsmechanismus erklärt, warum freiwerdende Stellen im Wald so rasch vom Schmalblättrigen Weidenröschen besiedelt werden können (Pionierpflanze). Die Pflanze wird etwa 1 m hoch.

Wald-Sauerklee

Oxalis acetosella

(Foto unten)

Der Wald-Sauerklee hat mit den verschiedenen Kleearten lediglich die Form der Blätter gemeinsam, steht aber systematisch anders (Familie der Sauerkleegewächse). Die Blätter wachsen aus einem Wurzelstock hervor und enthalten sehr viel Oxalsäure, die ihnen den säuerlichen Geschmack verleiht. Die Pflanze kommt auf frischen, nährstoffreichen Böden vor. Als ausgesprochene Schattenpflanze ändert sie bei starker Einstrahlung die Stellung ihrer Blätter und verkleinert die assimilierende Fläche. Der Wald-Sauerklee blüht im April/Mai.

Großes Springkraut
Impatiens noli-tangere

(Foto oben)

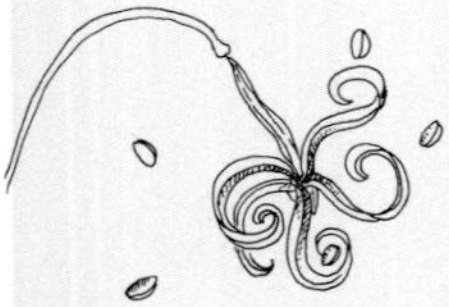

aufgeplatzte Fruchtkapsel

Das zu den Balsaminengewächsen (Balsaminaceae) gehörende Große Springkraut wird 80 cm hoch, es besitzt einen saftigen, glasig wirkenden Stengel. Die Pflanze kommt recht häufig in feuchten Laub- und Nadelwäldern vor. Die 2 bis 3 cm langen, gelben Blüten mit dem gekrümmten Sporn hängen in gestielten Trauben herab (s. Foto). Die Blütezeit liegt zwischen Juni und September. Interessant ist der Verbreitungsmechanismus der Samen: Die saftigen, schotenähnlichen Fruchtkapseln stehen unter hohem inneren Druck. Bei Berührung reißen die 5 Klappen der Kapsel explosionsartig auf (daher der Name Rührmichnichtan). Dabei werden die Samen weit fortgeschleudert (Grafik). Man spricht hier von Selbstverbreitung, auch wenn das Aufplatzen der Kapseln vom Wind oder von Tieren ausgelöst wird.

Wald-Veilchen
Viola reichenbachiana

(Foto unten links)

Die Familie der Veilchengewächse (Violaceae) ist in Mitteleuropa mit nur einer Gattung vertreten, der Gattung *Viola.* Ihre einzelnen Vertreter kommen in ganz unterschiedlichen Lebensräumen vor. Dem Wald-Veilchen begegnet man ziemlich häufig in krautreichen Laub- und Nadelmischwäldern. Es bevorzugt schattige Stellen. Von der Ebene bis in etwa 1700 m Höhe kann man die Pflanze antreffen. Die Grundblätter sind herzeiförmig mit einer meist deutlichen Spitze. Die rötlichvioletten Blüten mit den 5 Kronblättern werden 1,5 cm groß. Das Wald-Veilchen wird 10 bis 20 cm hoch und blüht zwischen März und Mai.

Wald-Schlüsselblume
Primula elatior

(Foto unten rechts)

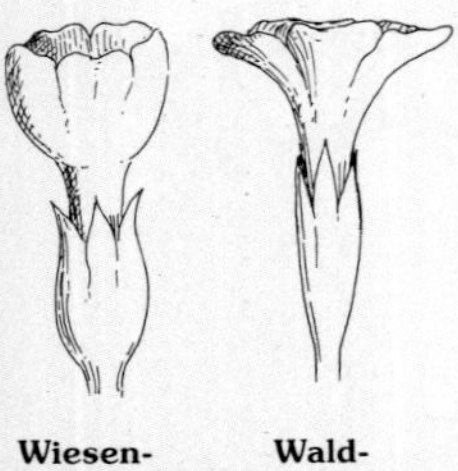

Wiesen-Schlüsselblume **Wald-Schlüsselblume**

Die Wald-Schlüsselblume oder Hohe Schlüsselblume ist in Mitteleuropa in Laub- und Mischwäldern mit gut ausgebildeter Krautschicht überall anzutreffen. Frische, nährstoffreiche Lehmböden sagen der Pflanze besonders zu. Aus der grundständigen Blattrosette wird ein bis zu 20 cm hoher Blütenstengel emporgeschoben. Die schwefelgelben, nicht duftenden Blüten stehen doldig gehäuft (s. Foto).

Von der nahe verwandten **Wiesen-Schlüsselblume** oder Duftenden Schlüsselblume *(Primula veris)* unterscheidet man die Wald-Schlüsselblume am besten an dem anliegenden, nicht glockig aufgeblasenen Kelch (Grafik). Außerdem fallen bei der Wiesen-Schlüsselblume 5 rote Flecken im Schlund der goldgelben Blumenkrone auf. Diese Art gedeiht auch eher auf trockenen Wiesen, an Rainen und Waldrändern und nur ausnahmsweise im Inneren lichter Baumbestände.

Rote Lichtnelke

Silene dioica

(Foto oben links)

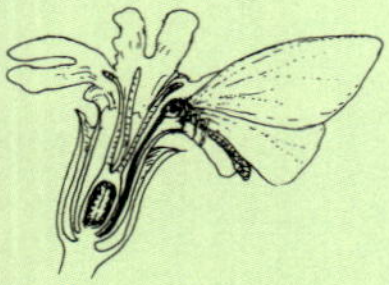

Bestäubung

Die bis zu 1 m hohe Rote Lichtnelke (auch Tag-Lichtnelke genannt) trifft man regelmäßig auf feuchten, nährstoffreichen Böden an. Sie kommt in feuchten Gebüschgruppen und Laubwäldern, aber auch auf feuchten Waldwiesen vor. Die Fundorte können von der Ebene bis ins Hochgebirge hinauf liegen. Die ausdauernde Pflanze ist am leichtesten im blühenden Zustand zu erkennen. Dann stehen die roten Blüten zu einer Trugdolde vereint am Ende der behaarten Stengel (s. Foto). Sie werden vor allem von Hummeln und verschiedenen Tagfaltern bestäubt, die mit ihrem langen Rüssel bis zum Grund der Kronröhre gelangen (s. Grafik). Die Pflanze blüht von April bis August.

Immergrün

Vinca minor

(Foto oben rechts)

Das Immergrün wird mancher als Gartenpflanze kennen. Tatsächlich kommt die Staude aber auch wild vor. Meist wächst sie herdenweise und überzieht dann den Waldboden auf größeren Flächen. Ihr Lebensraum sind artenreiche Laub- und Mischwälder auf frischen, nährstoffreichen Böden. Das Immergrün ist eine typische Mullbodenpflanze. Die fünfzähligen, hellblauen Blüten erscheinen oft schon im März. Die Pflanze wird 30 bis 60 cm hoch. Der am Grund etwas verholzte Stengel kriecht aber mehr oder weniger am Boden entlang.

Waldmeister

Galium odoratum

(Foto unten)

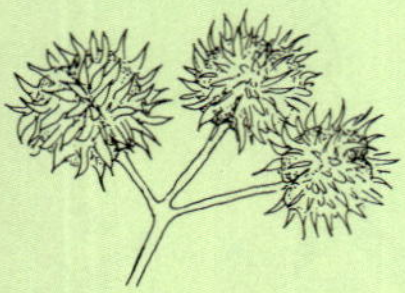

Früchte

Den Waldmeister findet man recht häufig in krautigen Buchen- oder Laubmischwäldern. Die Pflanze liebt frischen, nährstoffreichen, lockeren Lehmboden und einen schattigen Standort. Sie wird bis zu 20 cm hoch. Der glatte, vierkantige Stengel wächst aus einem Wurzelstock empor, der im Boden kriecht. Jahr für Jahr wächst der Wurzelstock vorne ein Stück weiter, während die hinteren Teile absterben. Am Stengel sitzen Quirle aus 6 bis 8 lanzettlichen Blättern. Im April/Mai blüht der Waldmeister. Die kleinen, weißen Blüten stehen in Trugdolden dicht beieinander. Alle Teile des Waldmeisters enthalten das angenehm duftende Cumarin. Waldmeister wird deshalb für die Maibowle verwendet (daher übrigens auch der in manchen Gebieten gebräuchliche Name Maikraut!). Das Cumarin gibt der Bowle den typischen Geschmack. Die reifen Früchte sind mit hakigen Borsten besetzt, die leicht im Fell von Tieren hängenbleiben (Grafik). Dies ist ein weiterer biologischer Trick, mit dem eine Pflanze ihre Samen verbreiten lassen kann.

Echtes Lungenkraut
Pulmonaria officinalis

(Foto oben)

Das Lungenkraut ist über fast ganz Europa verbreitet und bevorzugt als Standort schattige Laubwälder. Es kommt aber auch an Bachufern und in Auen vor. Diese ausdauernde Pflanze wird 20 bis 40 cm hoch. Die borstig behaarten Stengel sind ein Merkmal, auf Grund dessen die Pflanze in die Familie der Rauhblattgewächse (Boraginaceae) eingeordnet wird. Die Stengel tragen nur wenige, meist etwas weißfleckige Blätter. In deren Achseln sitzen zu mehreren die Blüten, deren Färbung – wie die der Frühlings-Platterbse (s. S. 38/39) – im Laufe der Blütezeit von rot nach blau umschlägt. Chemisch ist dies damit zu erklären, daß der in den Zellen liegende Farbstoff Anthozyan je nach dem Säuregrad des Zellsaftes seine Farbe ändert. Das Lungenkraut wird man oft schon im März blühend antreffen. Es ist wieder ein Frühblüher und – wie sein Name schon nahelegt – eine alte Heilpflanze, die früher gegen Lungenkrankheiten eingesetzt wurde.

Tollkirsche
Atropa belladonna

(Fotos unten)

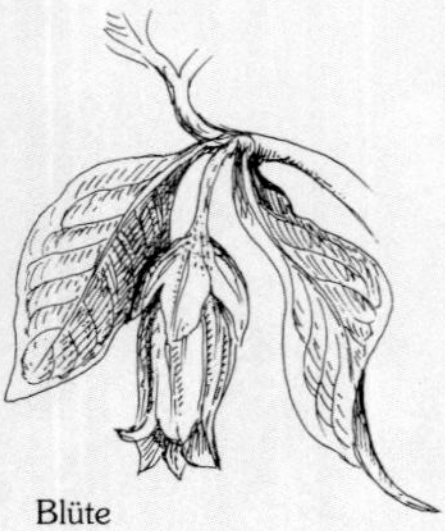

Blüte

Die Tollkirsche gehört in die berühmt-berüchtigte Familie der Nachtschattengewächse (Solanaceae). Berüchtigt ist diese Pflanzenfamilie, weil hierher einige der giftigsten Pflanzen unserer Flora gehören, wie der Stechapfel *(Datura stramonium)* und das Bilsenkraut *(Hyoscyamus niger)*. Die Familie ist aber gleichzeitig berühmt, weil auch Kartoffel, Tomate und Tabak als wichtige Kulturpflanzen hierher zu stellen sind. Allerdings sind auch nur ganz bestimmte Teile der zuletzt genannten Pflanzen zu nutzen, andere Teile sind ebenfalls giftig.

Der Tollkirsche begegnet man in Laub- und Mischwäldern. Man suche sie auf Kahlschlagflächen, Waldlichtungen oder an Waldwegen. Die bis zu 1,50 m hohe Staude blüht zwischen Juni und August. Die grünlichvioletten, glockigen Blüten (Grafik) fallen allerdings weniger auf als die glänzend schwarzen Früchte, die Kirschen ähnlich sehen (s. Foto unten rechts) und deshalb von Kindern leicht für solche gehalten und verzehrt werden. Bei Vergiftungen ist schnellstens Erbrechen auszulösen und das nächstgelegene Krankenhaus aufzusuchen!

Roter Fingerhut
Digitalis purpurea

(Foto oben)

Blattrosette

Der Rote Fingerhut ist wieder eine typische Pflanze der Kahlschläge, Waldlichtungen und anderer offener Stellen im Wald, vor allem im Buchenwald. Die Pflanze kommt überall in Westeuropa vor; Mittelgebirgslagen werden bevorzugt. Im ersten Jahr bildet die Pflanze eine Blattrosette aus (Grafik). Die großen Blätter sind filzig behaart. Auf diese Weise wird die Verdunstung herabgesetzt, was ja für eine Pflanze sehr wichtig ist, die an sonnigen Stellen wächst. Im zweiten Jahr erhebt sich aus der Blattrosette der Blütenstengel, der bis zu 1,60 m hoch werden kann. Die Stengelblätter werden nach oben hin kleiner. Sie enthalten verschiedene Substanzen, an denen man sich vergiften kann; also Vorsicht! In den Blattachseln sitzen zahlreiche, purpurrote Blüten, die auf Grund ihrer Form der Pflanze zu ihrem Namen verholfen haben. Die Blüten werden 5 cm lang, sind außen glatt, tragen aber auf der Innenseite Haare. Innen zeigen sie auch eine kräftige, schwarze Fleckung; die einzelnen Flecken sind weiß umrahmt. Die Pflanze blüht im Juni/Juli.

Goldnessel
Lamium galeobdolon

(Foto unten links)

Lippenblüte

Taubnesseln wirken auf den ersten Blick eher unscheinbar, auch wenn ihre Blüten recht auffällig gefärbt sind. Man sollte sich aber einmal die Mühe machen, eine solche Blüte ganz aus der Nähe zu betrachten, am besten mit Hilfe einer Lupe: Ein glockenförmiger, fünfzähliger Kelch umschließt die zweiseitig-symmetrische Blumenkrone, die bei der Goldnessel goldgelb gefärbt ist. Man kann eine Oberlippe und eine Unterlippe unterscheiden (Grafik) und rechnet die Pflanze deshalb zu den Lippenblütlern (Labiatae). Typisch ist ferner der vierkantige Stengel und die kreuz-gegenständig angeordneten Blätter. Die Art kommt auf frischen, nährstoffreichen Böden in krautreichen Laub- und Nadelmischwäldern überall häufig vor.
Nahe verwandt ist die **Gefleckte Taubnessel** *(Lamium maculatum),* die man an Waldrändern und Bachufern antreffen kann.

Ährige Teufelskralle
Phyteuma spicatum

(Foto unten rechts)

Der Name Teufelskralle macht gleich deutlich, wie die Einzelblüten geformt sind: Sie sind krallenförmig gebogen. Bei der Ährigen Teufelskralle stehen gelblich-weißliche, selten auch hellblaue Einzelblüten in einer walzlichen Ähre vereinigt. Die Pflanze kommt vor allem in Laubwäldern vor und blüht zwischen Mai und August. Sie gehört zu den Glockenblumengewächsen (Campanulaceae).

Bären-Lauch

Allium ursinum

(Foto oben links)

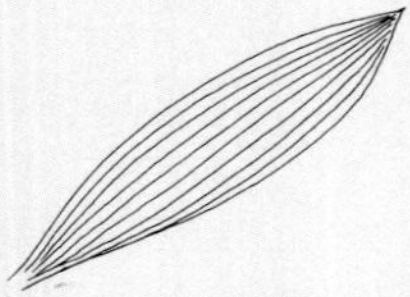

Blatt einer einkeimblättrigen Pflanze

Auf feuchten, nährstoffreichen Lehm- und Tonböden finden wir häufig und meist gesellig wachsend den Bären-Lauch. Aus der im Boden überdauernden, länglichen Zwiebel wachsen 1 bis 2 deutlich gestielte Blätter hervor. Wie bei fast allen Einkeimblättrigen Pflanzen (Monocotyledoneae; hierher gehören die Arten auf den Seiten 48–53) laufen auch bei ihnen die Blattadern parallel (Grafik). Sie haben eine breit-elliptische Form und sind 2 bis 5 cm breit. Von April bis Juni öffnen sich die zu einer Scheindolde vereinigten, sternförmigen, weißen Blüten (s. Foto). Man erkennt die Pflanze auch leicht an dem typischen Geruch nach Zwiebel oder Knoblauch. Man weiß daher schon aus der Ferne, ob in einem feuchten, schattigen Laubwald der Bären-Lauch vorkommt. Er wird 15 bis 30 cm hoch.

Schattenblume

Maianthemum bifolium

(Foto oben rechts)

Die Schattenblume kommt vor allem in relativ artenarmen Laub- und Nadelwäldern auf frischen, nährstoffarmen, sauren Böden vor. Ihre Verbreitung erstreckt sich zwar weit über die nördliche gemäßigte Zone, aber die Pflanze ist eigentlich nirgends häufig. Aus einem im Boden überdauernden Wurzelstock wächst der bis zu 15 cm hohe Sproß empor. Charakteristisches Kennzeichen sind die beiden wechselständig angeordneten, dunkelgrünen Blätter. Sie sind ganzrandig, herzförmig und stehen an einem kurzen Stiel. Im Mai/Juni trägt die Pflanze kleine, weiße Blüten, die sich in einer endständigen Traube über die Blätter erheben (s. Foto). Dann kann man die Pflanze mit keiner anderen Art verwechseln. Im Herbst machen die beiden Blätter und die dann ausgebildeten roten Früchte das Erkennen leicht.

Vielblütige Weißwurz

Polygonatum multiflorum

(Foto unten)

Wohlriechende Weißwurz

Die Vielblütige Weißwurz findet man in krautreichen Buchen-, Eichen- und Mischwaldgesellschaften auf frischen, nährstoffreichen Lehmböden. Die bis zu 70 cm hohe, schattenliebende Pflanze überdauert mit einem kräftigen Wurzelstock, aus dem der runde Stengel emporwächst. Er trägt elliptisch-eiförmige, wechselständig angeordnete Blätter. Im Mai/Juni hängen in den Blattachseln Gruppen von je 2 bis 5 weißlich-grünen Glokkenblüten (s. Foto). Später bilden sich die dunkelblauen Früchte aus.

Ähnlich sieht die nahe verwandte **Wohlriechende Weißwurz** (*Polygonatum odoratum;* Grafik) aus. Diese Art besitzt aber einen kantigen Stengel, und die Blüten hängen meist einzeln, manchmal auch zu zweit in den Blattachseln.

Maiglöckchen
Convallaria majalis

(Foto oben)

Das Maiglöckchen ist ein ausdauerndes Liliengewächs, das mit einem Wurzelstock im Boden überwintert. Aus dem Wurzelstock wachsen im Frühjahr die tütenförmig eingerollten Blätter hervor, die sich nach und nach entfalten. Im Mai/Juni blüht das Maiglöckchen. Die weißen, glockenförmigen Blüten duften sehr intensiv und sind zu einer Traube vereinigt. Im Herbst fallen die roten Beeren auf. Das Maiglöckchen finden wir auf mäßig trockenen, mäßig nährstoffreichen Böden in lichten Laub- und Mischwäldern. Die giftige Pflanze ist über fast ganz Europa verbreitet.

Einbeere
Paris quadrifolium

(Foto unten links)

Die Einbeere ist ebenfalls eine ausdauernde Pflanze, die mit einem Wurzelstock überwintert. Aus ihm wächst der bis zu 40 cm hohe Stengel empor. Er trägt oben einen Blattquirl aus meist 4 waagerecht abstehenden Blättern. Im Mai/Juni erscheint oberhalb dieses Blattquirls die unscheinbare Blüte. Im Juli/August sind die Früchte reif – blauschwarze, kirschgroße Beeren. Die giftige Einbeere kommt in feuchten, schattigen Laub- und Mischwäldern in fast ganz Europa vor.

Frauenschuh
Cypripedium calceolus

(Foto unten rechts)

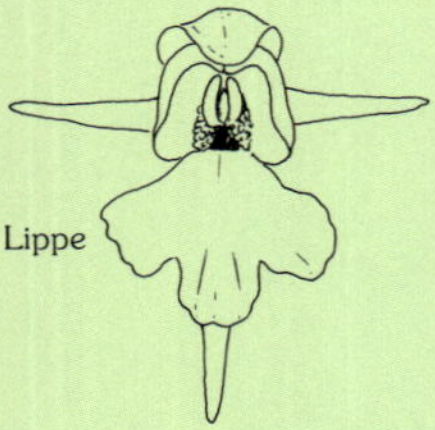

Den Frauenschuh – eine unserer schönsten Orchideen – findet man auf mäßig frischen, meist kalkhaltigen Lehm- und Tonböden im Halbschatten von lichten Laub- und Nadelwäldern. Meist kommt er in einer gut ausgebildeten Krautschicht vergesellschaftet mit anderen Bodenpflanzen vor. Und man trifft ihn auch fast immer herdenweise wachsend an. Der rundliche, kurz behaarte Stengel wird bis zu 60 cm hoch. Auf den breitelliptischen Blättern fallen die stark betonten Längsnerven auf. Von Mai bis Juli blüht der Frauenschuh. Meist stehen nur 1 oder 2 Blüten an einem Stengel, selten auch 3. Interessant ist der Bau der Orchideenblüten: Sie sind zweiseitig-symmetrisch gebaut, d. h. wenn man eine gedachte Linie längs durch die Blüte legt, ergeben sich 2 spiegelbildliche Hälften. Die Blütenhülle setzt sich aus 6 einzelnen Blättern zusammen, die aber eine sehr unterschiedliche Form haben können (Schema s. Grafik). Beim Frauenschuh sehen nun die 3 Blätter des äußeren und 2 Blätter des inneren Kreises der Blütenhülle sehr ähnlich aus. Es sind die rotbraunen Zipfel, die den gelben Pantoffel einrahmen, das dritte Blatt des inneren Kreises. An vielen Stellen, wo der Frauenschuh noch vor wenigen Jahrzehnten vorkam, ist er heute ausgerottet. Sein Status nach der Roten Liste: »stark gefährdet«.

Rotes Waldvöglein

Cephalanthera rubra

(Foto oben links)

Weißes Waldvöglein

Das Rote Waldvöglein wächst in lichten Laub- und Mischwäldern auf Kalkboden. Diese Orchidee hat schmale, spitze Blätter und wird bis zu 60 cm hoch. Die 3 bis 8 roten Blüten stehen in einer lockeren Traube. Die Pflanze blüht von Mai bis Juli.
Ähnliche Standortsansprüche wie das Rote Waldvöglein hat auch das **Weiße Waldvöglein** (*Cephalanthera damasonium;* Grafik). Diese Art besitzt weißlich-gelbliche Blüten. Die Stengelblätter sind eiförmig. Dieses Kennzeichen ist wichtig, da es in Europa noch das ebenfalls weiß blühende **Schwertblättrige Waldvöglein** *(Cephalanthera longifolia)* gibt, das aber lanzettliche Blätter besitzt.

Nestwurz

Neottia nidus-avis

(Foto oben rechts)

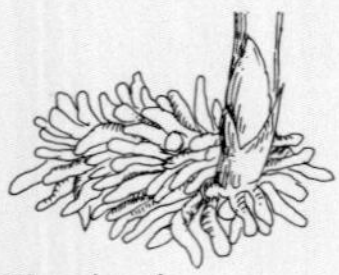

Wurzelstock

Die Nestwurz ist auf humusreichen Lehmböden in Buchenwäldern, aber auch in Eichen- und Kiefernmischwäldern fast überall in Europa häufig. Die bis zu 40 cm hohe Pflanze fällt sofort durch das Fehlen des Blattgrüns auf. Die Pflanze ernährt sich dadurch, daß sie auf Pilzen schmarotzt, die im Waldboden leben. Die Nestwurz blüht von Mai bis Juli. Ihren Namen bekam sie übrigens von dem ähnlich wie ein Vogelnest aussehenden Wurzelstock, mit dem die Pflanze auch den Winter überdauert (Grafik).

Nickendes Perlgras

Melica nutans

(Foto unten links)

Einblütiges Perlgras

Um die Vielfalt der Gräser überschaubar zu machen, kann man 3 Gruppen bilden: Bei den Ährengräsern sitzen die einzelnen Blütenährchen direkt an der Ährenachse; bei den Ährenrispengräsern sitzen die Ährchen an kurzen, verzweigten Stielen; bei den Rispengräsern sitzen sie an verzweigten Ästen, der gesamte Blütenstand wirkt deshalb sehr locker. Eines der im Wald vorkommenden Rispengräser ist das Perlgras. Es wird 30 bis 60 cm hoch. Auffällig sind die purpurbraunen Hüllspelzen, die die einzelnen Ährchen einhüllen (s. Foto). Das Gras blüht im Mai/Juni. Es kommt in Laubwäldern vor. Ähnlich ist das **Einblütige Perlgras** (*Melica uniflora;* Grafik).

Gefleckter Aronstab

Arum maculatum

(Foto unten rechts)

Der Aronstab kommt in krautreichen Laub- und Mischwäldern vor. Im April/Mai erscheint zwischen den langgestielten, breit-pfeilförmigen Blättern die weißlich-grüne, tütenförmige Blütenscheide, in der der bräunlichrote Endabschnitt des Blütenkolbens sichtbar wird. Die Blütenscheide ist am unteren Ende bauchig erweitert und hüllt die Blüten ein. Im Spätsommer und Herbst fallen die roten Früchte auf.

Adlerfarn

Pteridium aquilinum

(Foto oben)

Der Adlerfarn ist einer der häufigsten einheimischen Farne und zudem über ganz Europa verbreitet. Er wird 0,50 bis 2 m hoch und bildet oft dichte Bestände. Blüten suchen wir bei den Farnen vergeblich, sie sind Sporenpflanzen. Auf der Wedelunterseite werden – eingehüllt von einem häutigen Schleier – die Sporangien angelegt, die für die Bestimmung der Farne ein wichtiges Merkmal darstellen (Grafik). Werden die Sporen reif, platzen die Sporenbehälter auf. Aus den vom Wind weit verbreiteten Sporen wachsen pfenniggroße Vorkeime (Prothallien), auf denen die geschlechtliche Fortpflanzung abläuft. Aus einer befruchteten Eizelle wächst dann wieder eine sporentragende Farnpflanze heran. Man spricht hier von einem Generationswechsel, einem Wechsel zwischen einer sich ungeschlechtlich fortpflanzenden Sporengeneration und einer Generation, die sich geschlechtlich fortpflanzt. Die eigentliche Farnpflanze stellt die Sporengeneration, der winzige Vorkeim die geschlechtliche Generation dar.

Gewöhnlicher Wurmfarn

Dryopteris filix-mas

(Foto unten links)

»Bischofsstäbe«

Der Wurmfarn ist Anzeiger für frischen, nährstoffreichen Lehmboden mit guter Humusbildung. Man findet ihn in Laub-, Misch- und Nadelwäldern mit einer gut ausgebildeten Krautschicht. Der Farn besitzt einen umfangreichen, ausdauernden Wurzelstock, aus dem jedes Jahr die neuen Farnwedel emporwachsen. Die jungen Wedel sind zunächst spiralig eingerollt und von braunen Spreuschuppen bedeckt. Nach und nach entfalten sie sich, wobei sie zeitweise wie Bischofsstäbe aussehen und auch so genannt werden (Grafik). Ausgewachsene Wedel werden bis zu 1,40 m lang. Die Blätter sind auf der Oberseite dunkler grün gefärbt als auf der Unterseite. Insgesamt sind die Wedel doppelt gefiedert, d.h. jede einzelne Fieder ist selbst nochmals gefiedert.

Gewöhnlicher Tüpfelfarn, Engelsüß

Polypodium vulgare

(Foto unten rechts)

Der Tüpfelfarn zeigt den gleichen Generationswechsel wie Adler- und Wurmfarn, nur sehen die Sporangien etwas anders aus. Auch die Farnwedel haben eine andere Form; sie sind zwar auch gefiedert, aber nur einfach. Die Wedel bleiben übrigens im Winter grün. Dieser Farn ist also recht leicht zu erkennen. Er ist typisch für lichte, artenarme Eichenwälder, wächst aber nicht nur auf dem – mäßig-trockenen, kalkarmen – Waldboden, sondern auch auf Felsen und als sogenannter Epiphyt am Fuß alter, bemooster Bäume oder manchmal auch höher am Stamm.

Sprossender Bärlapp

Lycopodium annotinum

Tannen-Bärlapp **Keulen-Bärlapp**

Die Bärlappe werden vielfach übersehen oder auch für Moose gehalten. Hinzu kommt, daß sie recht selten sind und ihre Fundorte zerstreut liegen. Der Sprossende Bärlapp oder Schlangenbärlapp ist noch eine relativ häufige Art, der man in Fichten-, Kiefern- und Birkenwäldern begegnen kann. Der Untergrund muß frisch, nährstoffarm und sauer sein. Von ebenen Lagen bis in etwa 1900 m Höhe kann man die Art auf den entsprechenden Standorten antreffen. Typisch sind die schmalen, nadelartigen Blättchen, die unregelmäßig verteilt am Stengel sitzen. Die Stengel kriechen über weite Strecken am Boden entlang, die Äste jedoch, die die Sporenähren tragen, stehen aufrecht (s. Foto). Die Ähren werden etwa 4 cm lang und etwa 3 mm dick.
In trockenen Misch- und Nadelwäldern findet man den nach der Roten Liste »gefährdeten« **Keulen-Bärlapp** (*Lycopodium clavatum;* Grafik). Man erkennt ihn daran, daß seine Sporenähren an einem nur wenig beblätterten Ast sitzen. Für Fichtenwälder und Bergkiefernbestände ist der **Tannen-Bärlapp** (*Huperzia selago;* Grafik) kennzeichnend, bei dem die Sporenbehälter aber in den Achseln der Stengelblätter sitzen.

Wald-Schachtelhalm

Equisetum sylvaticum

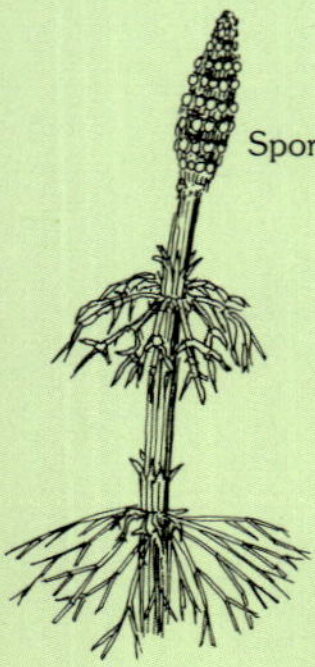

Sporenähre

Die Schachtelhalme, die Bärlappe und die Farne bilden zusammen eine große systematische Einheit im Pflanzenreich, die Abteilung der Farnpflanzen (Pteridophyta). Als vielleicht wichtigstes Kennzeichen ist allen Pflanzen dieser Gruppe das Fehlen von Blüten gemeinsam. Es werden vielmehr Sporen ausgebildet, aus denen Pflänzchen hervorgehen, die Geschlechtszellen bilden.
Der Wald-Schachtelhalm tritt ziemlich häufig auf nassen, kalkarmen Böden in recht verschiedenen Waldgesellschaften auf, so in moosigen Fichtenwäldern, in Eichen-Hainbuchen-Wäldern und in Auenwäldern. Er liebt halbschattige oder schattige Standorte und kommt vom Tiefland bis in Höhen von über 1500 m vor, hat aber seinen Schwerpunkt in montanen bis subalpinen Lagen. Von einem überdauernden, unterirdischen Wurzelstock wachsen im Frühjahr unverzweigte, bleichbräunliche Stengel hoch, die am Ende jeweils eine Sporenähre tragen (Grafik). Nach dem Reifen der Sporen und ihrer Verbreitung ergrünen die vorher bleichen Stengel. Sie bilden jetzt verzweigte, in Quirlen stehende, feine Seitenäste aus (s. Foto). Alle oberirdischen Teile sind aus ineinandergeschachtelten Abschnitten aufgebaut, daher der Name Schachtelhalm.

Weißmoos
Leucobryum glaucum

(Foto oben)

einzelnes Pflänzchen

Die Moose stellen wiederum eine andere systematische Einheit dar als die Farne, Bärlappe und Schachtelhalme. Man stellt sie in eine eigene Abteilung, die der Moospflanzen oder Bryophyta. Da sie noch keine ausgeprägten Leit- und Festigungsgewebe besitzen, bleiben Moose klein; sie erheben sich nur wenige Zentimeter über den Boden. Moose besitzen auch keine Wurzeln, nur wurzelähnliche sogenannte Rhizoide, mit denen sie sich oberflächlich auf dem Boden verankern. Die Wasseraufnahme erfolgt zum größten Teil über die Blättchen. Trotz ihres einfachen Baues und ihrer geringen Höhe spielen Moose in den Waldgesellschaften aber eine wichtige Rolle. Sie vermögen nämlich bei Niederschlägen Wasser in größeren Mengen aufzunehmen, um es langsam wieder an die Umgebung abzugeben. Die Moose tragen also zu dem ausgeglichenen Klima in einem Wald bei.
Das Weißmoos ist an seiner blaugrünen Färbung und dem dichten Polsterwuchs leicht zu erkennen. Die Färbung geht bei Trockenheit mehr und mehr in Weiß über. Die Polster können einen Durchmesser von bis zu 50 cm und eine Höhe von bis zu 15 cm haben (einzelnes Pflänzchen s. Grafik). Man findet dieses Moos in sauren, feuchten Nadel-, Buchen- und Eichenwäldern. Es ist auf der Erde weit verbreitet.

Bürstenmoos, Frauenhaarmoos
Polytrichum-Art

(Foto unten links)

Dieses Moos wird bis zu 40 cm hoch; es ist damit eines der größten Moose, die in Mitteleuropa vorkommen. Die einzelnen Moospflänzchen stehen in dichten Rasen zusammen. Wenn genügend Feuchtigkeit vorhanden ist, stehen die Blättchen waagerecht, bei Trockenheit legen sie sich fast an den Stengel an. In der Gattung *Polytrichum* gibt es eine Vielzahl sehr ähnlicher Arten, deren Bestimmung nur mit Hilfe ausführlicher Bestimmungsbücher möglich ist, meist aber dem Spezialisten vorbehalten bleiben muß.

Becherflechte
Cladonia-Art

(Foto unten rechts)

Flechten sind aus Pilzfäden und dazwischenliegenden Algen aufgebaut. Beide sind eine Symbiose eingegangen, ein Zusammenleben zu beiderseitigem Nutzen. Von den Pilzen stammen Wasser und Nährsalze, von den Algen die durch Fotosynthese aufgebauten organischen Substanzen. Beide zusammen bilden nun einen neuen Organismus, der bei den verschiedenen Flechtenarten ganz unterschiedlich aussehen kann. Flechten können die verschiedensten Standorte besiedeln. Eine häufige Gattung ist *Cladonia.*

Grüner Knollenblätterpilz

Amanita phalloides

(Foto oben links)

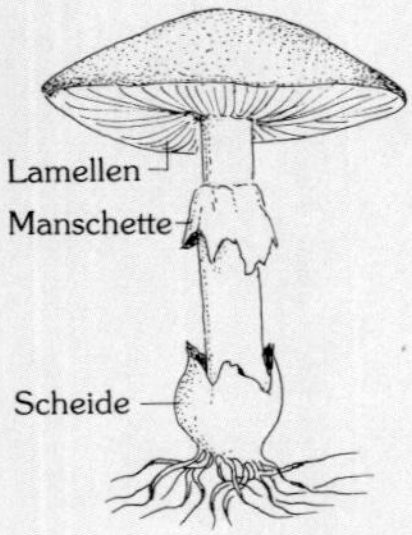

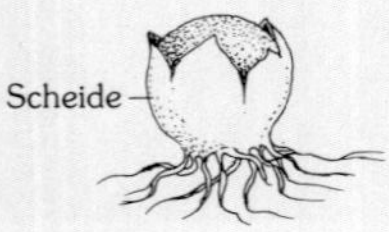

junger Pilz

Pilze haben im Wald eine wichtige Funktion. Manche bauen tote organische Substanz ab, die dem Boden aufliegt, also etwa abgestorbene Pflanzen, Fallaub, Tierleichen und Kot. Durch ihre Tätigkeit gelangen die in der organischen Substanz enthaltenen Nährsalze zurück in den Boden. Die Salze stehen damit den grünen Pflanzen erneut zur Verfügung. Andere Pilze leben in Symbiose mit anderen Pflanzen, z.T. auch mit Bäumen. Die einzelnen Pilzfäden – die Hyphen – umspinnen die Wurzeln der Bäume; ein Teil der Hyphen dringt in die Wurzeln ein. Man spricht hier von einer Mykorrhiza. Der Pilz bezieht aus den Wurzeln durch Fotosynthese von den Bäumen erzeugte organische Verbindungen, vor allem Zucker; der Baum erhält Nährsalze und Wasser. Pilze enthalten ja kein Chlorophyll und können deshalb selbst keine Fotosynthese treiben. Die im Boden liegenden Pilzfäden können sich zu Fruchtkörpern verflechten, die wir oberirdisch als »Pilze« sehen können. An ihnen bilden sich Sporen aus, die vom Wind verbreitet werden.

Der Grüne Knollenblätterpilz zählt zu den giftigsten Arten überhaupt. Seine Kennzeichen sind der mit einer grünlichen Haut überzogene Hut, die rein weißen Lamellen auf der Hutunterseite, der unten knollig verdickte Stiel und die am Stiel hängende Manschette (Grafik). Der Pilz wird bis zu 15 cm hoch und erreicht auch einen Durchmesser von bis zu 15 cm. Man findet ihn von Juli bis Oktober in Eichen- und Buchenwäldern.

Fliegenpilz

Amanita muscaria

(Foto oben rechts)

Der Fliegenpilz ist mit den Knollenblätterpilzen nah verwandt und ebenfalls sehr giftig. Kennzeichen sind der rote Hut mit den weißen Flecken, die die Reste der Hülle des sich entwickelnden Pilzes darstellen (s. Foto), und der unten gleichfalls knollig verdickte Stiel mit der weißen Manschette. Man findet den Pilz vom Sommer bis in den Herbst hinein, besonders in Nadelwäldern, aber auch unter Birken. Er ist auf der gesamten nördlichen Halbkugel von ebenen bis in hohe Lagen verbreitet.

Fichten-Blutreizker

Lactarius deterrimus

(Foto unten)

Diesen Blätterpilz findet man in Fichtenbeständen recht häufig. Der Hut erreicht einen Durchmesser von bis zu 15 cm. Er ist zunächst flach, dann mehr oder weniger trichterförmig, zunächst rötlich, dann grünlich gefärbt. Der Stiel ist innen hohl (s. Foto).

Stockschwämmchen

Kuehneromyces mutabilis

(Foto oben links)

Das Stockschwämmchen ist über die gesamte nördliche Halbkugel verbreitet. Der Pilz wächst gesellig auf vermoderndem Holz (s. Foto). Bevorzugt werden die Stümpfe von Laubbäumen, seltener die von Nadelbäumen besiedelt. Der bucklige Hut wird bis zu 6 cm im Durchmesser groß und kann – je nach Wassergehalt – in der Farbe von gelblich bis zimtfarben variieren. Die Lamellen sind bei ausgewachsenen Exemplaren ebenfalls zimtfarben, vorher blasser gefärbt. Das eßbare Stockschwämmchen ist fast das ganze Jahr über zu finden. Auf Baumstümpfen wächst auch der **Grünblättrige Schwefelkopf** *(Hypholoma fasciculare)*, der dem Stockschwämmchen recht ähnlich sieht, aber giftig ist.

Pfifferling

Cantharellus cibarius

(Foto oben rechts)

Der Pfifferling ist einer der bekanntesten Pilze überhaupt. Er ist eben ein wohlschmeckender, geschätzter Speisepilz. Der bis zu 5 cm große Hut ist zunächst gewölbt, später trichterförmig eingesenkt und normalerweise dottergelb gefärbt. Auf der Unterseite des Hutes laufen dicke Leisten zum Stiel und an diesem noch ein Stück herunter (s. Foto). Der Pifferling wächst – besonders in Nadelwäldern – auf der ganzen nördlichen Halbkugel. In Gebieten, wo viel gesammelt wird, ist dieser ansonsten häufige Pilz bereits selten geworden.

Steinpilz

Boletus edulis

(Foto unten links)

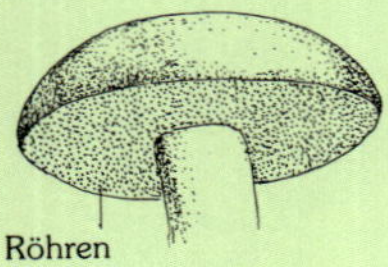

Der Steinpilz gehört in die Gruppe der Röhrenpilze. Ihm fehlen also die Lamellen auf der Hutunterseite; man sieht hier vielmehr senkrecht angeordnete Röhren, in denen die Sporen gebildet werden (Grafik). Der Pilz ist über ganz Europa verbreitet und kommt sowohl im Laub- wie im Nadelwald vor. Man erkennt ihn an der grauen bis braunen Hutoberseite und den zunächst weißen, später gelben Röhren. Die Fruchtkörper findet man von Juli bis in den November hinein. Um die großen Städte herum ist dieser bekannte und geschätzte Speisepilz annähernd ausgerottet.

Rotkappe

Leccinum testaceoscabrum

(Foto unten rechts)

Die eßbare Rotkappe ist in Europa weit verbreitet. Daneben kommt sie auch in Asien und Nordamerika vor. Der Pilz wird bis zu 20 cm hoch und trägt einen orangefarbenen Hut; die Röhren sind grau gefärbt. Der weißliche Stiel ist dicht mit schwarzen Schuppen besetzt (s. Foto). Der Pilz ist an Birken gebunden, mit denen ihn eine Mykorrhiza verbindet.

Rote Wegschnecke

Arion rufus

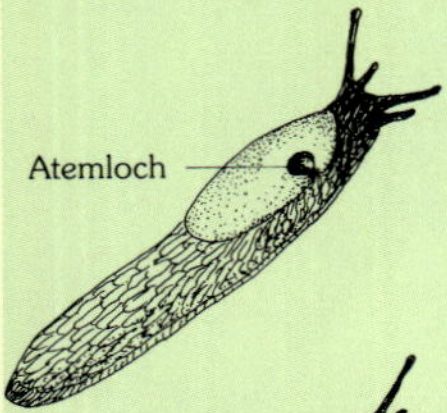

Wegschnecke

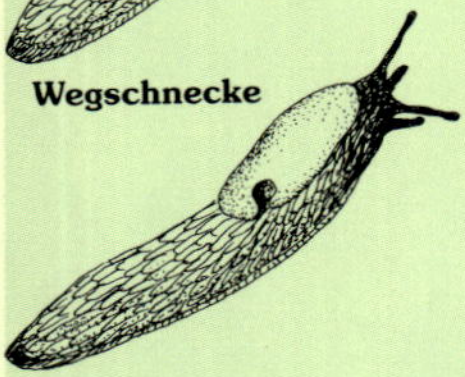

Egelschnecke

Bei feuchtem Wetter wird man in Wäldern verschiedener Typen regelmäßig Schnecken begegnen, so etwa der Roten Wegschnecke. Im Gegensatz zu anderen Schnecken besitzt sie kein Gehäuse. Erwachsene Tiere werden bis zu 15 cm lang und bis zu 2 cm breit. Bei der kriechenden Schnecke fällt der langgestreckte Fuß auf, auf dem sie – unterstützt durch einen vom Fuß ausgeschiedenen Schleimfilm – dahingleitet. Über die Sohle verlaufen wellenartige Muskelbewegungen, die das Tier langsam fortbewegen. Der Körper ist in Längsrichtung kräftig gerunzelt. Im vorderen Bereich fällt der glattere Mantelschild auf, in dem das Atemloch liegt, das zur Atemhöhle führt (s.Foto). Bei der Familie der Wegschnecken (Arionidae) liegt dieses Atemloch vor der Mitte dieses Schildes, bei den nahe verwandten **Egelschnecken** (Limacidae) hinter der Mitte (Grafik). Am Kopf fallen 2 Paar Fühler auf: Die oberen langen Fühler tragen die Augen, die unteren kurzen tragen Geruchsorgane. Die Rote Wegschnecke ist über Mittel- und Westeuropa verbreitet.

Weinbergschnecke

Helix pomatia

Hainschnirkelschnecke

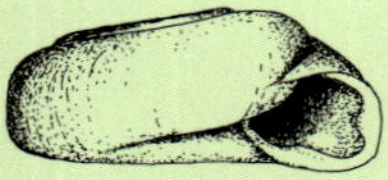

Riemenschnecke

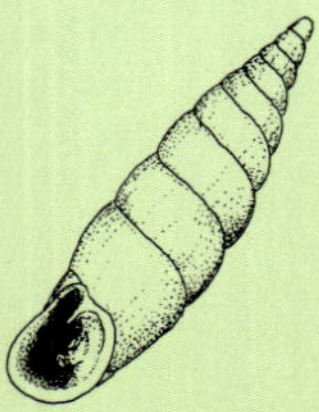

Schließmundschnecke

Die Weinbergschnecke ist über Mittel- und Südosteuropa verbreitet und kommt an Waldrändern und in lichten, feuchten Laub- und Mischwäldern, aber auch in Parks und auf Wiesen häufig vor. Mit einem Gehäusedurchmesser von rund 5 cm ist sie die größte einheimische Landschnecke überhaupt. Das Gehäuse ist bräunlich gefärbt. Bei jungen Schnecken besteht es nur aus 2 Umgängen. Während des Wachstums werden am Mündungsrand jedoch Zuwachsringe angelegt, so daß ein altes Tier ein Gehäuse mit 5 Windungen besitzt. Das Gehäuse erfüllt für die Schnecke eine doppelte Funktion. Zum einen kann sie sich bei Gefahr darin zurückziehen und so vor dem Gefressenwerden schützen, zum anderen kann sie darin ungünstige Bedingungen überdauern. Bei Trockenheit verschließt ein erstarrendes Schleimhäutchen die Öffnung und schützt die Schnecke vor übermäßigem Wasserverlust. Im Winter wird das Gehäuse durch einen porösen Kalkdeckel verschlossen. Die Schnecke macht dann eine Winterstarre durch, die bis zum Frühjahr dauert. Die Art wird in der Roten Liste als »potentiell gefährdet« eingestuft.
Andere im Wald häufige Gehäuseschnecken sind etwa die **Hainschnirkelschnecke** *(Cepaea nemoralis;* Grafik), die **Riemenschnecke** *(Helicodonta obvoluta;* Grafik) und die **Schließmundschnecken** (Familie Clausiliidae; Grafik).

Gartenkreuzspinne
Araneus diadematus

(Foto oben links)

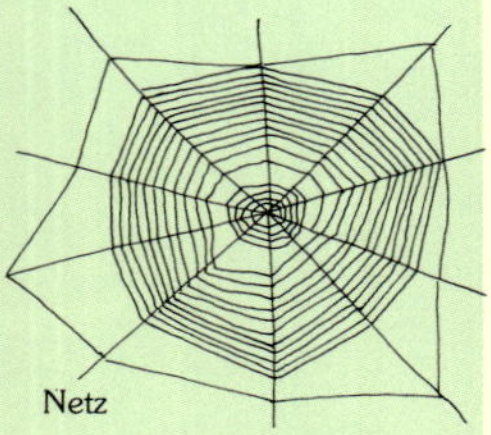

Netz

Diese wohl bekannteste Spinne ist über ganz Europa verbreitet und kommt in den verschiedensten Lebensräumen vor. Der typischen Kreuzzeichnung auf dem Hinterleib verdankt sie ihren Namen (s. Foto). Kreuzspinnen bauen kreisrunde Netze von ungefähr 30 cm Durchmesser: Zunächst entsteht der Rahmen, der zwischen Zweigen aufgehängt wird. Dann werden die Speichen eingezogen und anschließend die Spirale aus klebrigen Fangfäden (Grafik). Die Spinne sitzt meist im Zentrum des Netzes oder lauert in der Nähe in einem Versteck. Bei Erschütterung durch ein gefangenes Beutetier kommt sie sofort an die entsprechende Stelle im Netz und lähmt die Beute durch einen Biß.

Holzbock, Zecke
Ixodes-Art

(Foto oben rechts)

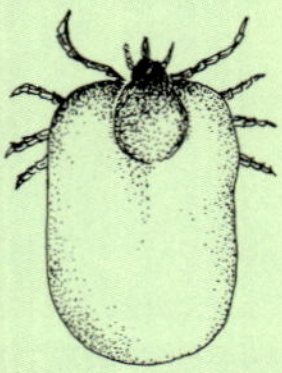

vollgesogenes Tier

Mit Zecken ist wohl jeder Waldspaziergänger schon einmal in Berührung gekommen. Diese 1 bis 2 mm langen Spinnentiere tragen 4 Beinpaare und am Kopf einen langen Saugrüssel mit Widerhaken an der Spitze. Das Tier läßt sich von Sträuchern und Bäumen aus auf Säugetiere, auch auf Menschen fallen und bohrt sich mit dem Rüssel in die Haut ein, um Blut zu saugen. Vollgesogen erreicht das Tier etwa die Größe einer Erbse (Grafik). Nach der Blutmahlzeit läßt es sich dann zu Boden fallen. Zeckenstiche erzeugen einen starken Juckreiz, es kann aber auch die gefährliche Hirnhautentzündung übertragen werden. Man sollte die Tiere daher sofort entfernen, dabei aber darauf achten, daß nicht der Saugrüssel oder gar der ganze Kopf in der Haut steckenbleibt und dort Entzündungen verursacht. In manchen Gebieten ist eine Schutzimpfung gegen Hirnhautentzündung anzuraten.

Saftkugler
Glomeris-Art

(Foto unten links)

Die Saftkugler stellen die Systematiker in die Klasse der Tausendfüßer (Myriapoda). Die einige Millimeter großen Tiere rollen sich bei Gefahr zu einer erbsengroßen Kugel zusammen, in der Beine und Fühler verborgen sind. Saftkugler findet man vor allem im Laubwald in der Streuschicht. Sie leben von vermodernden Blättern.

Schnurfüßer
Julus-Art

(Foto unten rechts)

Nahe verwandt mit den Saftkuglern sind die Schnurfüßer. Ihr langgestreckter Körper glänzt dunkelbraun oder schwarz. Er ist in einzelne Ringe gegliedert, von denen mit Ausnahme der 4 ersten und des letzten jeder 2 Beinpaare trägt. Die Tiere leben vor allem in der Streuschicht und unter faulender Baumrinde. Bei Gefahr rollen sie sich spiralig zusammen.

Grüne Stinkwanze

Palomena prasina

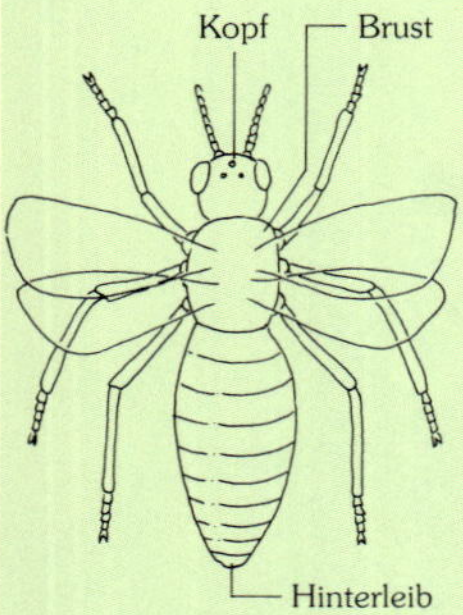

Grundbauplan eines Insekts

Insekten sind eine ungemein vielgestaltige Tiergruppe, und doch liegt ein einheitlicher Bauplan zugrunde: Der Körper ist in Kopf, Brust und Hinterleib gegliedert. Jeder Teil ist aus Segmenten aufgebaut. Am Kopf sitzen die Mundwerkzeuge und verschiedene Sinnesorgane. Das dreiteilige Bruststück trägt die 3 Beinpaare, die beiden hinteren Segmente tragen je 1 Paar Flügel (Grafik).

Innerhalb der Klasse der Insekten bilden die Wanzen eine eigene Ordnung (Heteroptera). Generell kann man sie an dem oft abgeplatteten Körper erkennen, der meist auch etwas gedrungen gebaut ist. Auf den ersten Blick nicht so leicht zu sehen ist, daß die Vorderflügel am Grund – ähnlich wie die Vorderflügel der Käfer – stark chitinisiert und nur an der Flügelspitze häutig ausgebildet sind. Zwischen den Vorderflügeln liegt ein dreieckiges Schildchen, das für viele Landwanzen kennzeichnend ist (s. Foto). Eine häufige Landwanze ist die Grüne Stinkwanze, die man in Laub- und Mischwäldern an Büschen und Bäumen beobachten kann. Aus dem Foto gehen Form und Färbung der Wanze gut hervor. Nicht zu sehen ist der Saugrüssel, der für die Wanzen ebenfalls kennzeichnend ist. Mit ihm stechen die Tiere Pflanzenstengel und Früchte an, um deren Saft herauszusaugen. Ihren Namen bekam diese Wanze wegen ihrer Stinkdrüsen an der Basis des zweiten und des dritten Beinpaares. Der Geruch ist ziemlich widerlich und penetrant.

Skorpionsfliege

Panorpa-Art

Diese merkwürdig gebauten Insekten stellen wiederum eine eigene Ordnung innerhalb ihrer Klasse dar. Man findet die bis zu 1,5 cm langen Tiere vom Mai bis in den Herbst hinein vor allem an Waldrändern oder in waldnahen Gebüschen. Die Stellen müssen nur relativ schattig und feucht sein. Auffällig sind bei diesen Tieren die dunkel gefleckten, in Ruhehaltung waagerecht stehenden Flügel und die langen Fühler. Die sichersten Kennzeichen sind aber die schnabelartig verlängerten Mundwerkzeuge – die ganze Gruppe heißt deshalb auch Schnabelfliegen (Mecoptera) – und das wie ein Skorpionstachel aussehende Hinterleibsende der Männchen (s. Foto). Dieser Stachel ist nichts anderes als ein Begattungsorgan. Skorpionsfliegen ernähren sich von toten Insekten, Spinnen und verwesenden Pflanzenteilen. Sie jagen aber auch kleine, lebende Insekten.

Lederlaufkäfer

Carabus coriaceus

Von den in Mitteleuropa vorkommenden etwa 30 000 Insektenarten sind etwa 8000 Arten in die Ordnung der Käfer zu stellen. Als Gruppe kann man Käfer gut gegen alle anderen Insekten abgrenzen. Allgemein kann man sie an folgenden Merkmalen erkennen: In die Vorderflügel ist sehr viel Chitin, der typische Baustoff des Insektenkörpers, eingelagert. Diese sehr harten sogenannten Deckflügel bedecken die häutigen Hinterflügel, mit denen Käfer fliegen. Beim Lederlaufkäfer sind die Vorderflügel allerdings miteinander verwachsen, er kann also nicht mehr fliegen. Mit einer Körperlänge von fast 4 cm ist er einer der größten einheimischen Käfer überhaupt. Sein Name bezieht sich auf die mattschwarzen, lederartig gerunzelten Vorderflügel, die den gesamten Hinterleib überdecken (s. Foto). Tagsüber hält sich der Käfer unter Steinen versteckt, in der Dämmerung geht er dann auf Jagd. Käfer und Larve fressen andere Insekten, gehen aber auch an Aas. Die Käfer halten im Juni/Juli einen Sommerschlaf.

Mistkäfer

Geotrupes-Art

Gewöhnlicher Totengräber

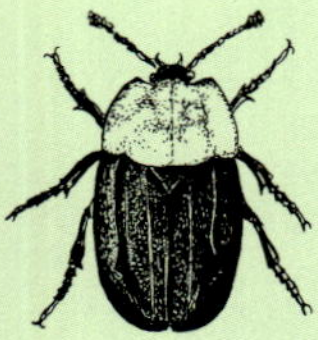

Rothalsige Silphe

Auf fast jedem Waldspaziergang wird man die blauschwarz schimmernden Mistkäfer beobachten können. Im Gegensatz zu den flinken Laufkäfern bewegen sich Mistkäfer aber nur gemächlich vorwärts. Die bis zu 2,5 cm langen Käfer wittern schon aus großer Entfernung tote Tiere und Kot. Sind sie dort angelangt, graben sie unterhalb der Leiche oder des Kotes ein Gangsystem in den Boden, das mit Kot ausgefüllt wird. Dorthinein werden die Eier abgelegt. Die Larven ernähren sich eine Zeitlang von dem Nahrungsvorrat und verpuppen sich dann. Die Entwicklung vom Ei über die Larve und die Puppe zum fertigen Insekt, der sogenannten Imago, dauert 8 bis 10 Monate. Die fertigen Käfer verlassen dann ihre unterirdische Behausung.

Eine ähnliche Lebensweise wie die Mistkäfer (Familie Blatthornkäfer – Scarabaeidae) zeigen die Aaskäfer (Familie Silphidae). Auch sie treiben eine intensive Brutpflege. Am ehesten zu beobachten sind in unseren Wäldern der 1 bis 2 cm lange, auf den Deckflügeln schwarz und orange gebänderte **Gewöhnliche Totengräber** (*Necrophorus vespillo;* Grafik) und der 2 bis 3 cm lange, einheitlich dunkle **Schwarze Totengräber** *(Necrophorus humator).* Auch die 1 bis 1,5 cm lange **Rothalsige Silphe** (*Oeceoptoma thoracica;* Grafik) mit dem roten Halsschild trifft man an Aas regelmäßig an.

Maikäfer

Melolontha melolontha

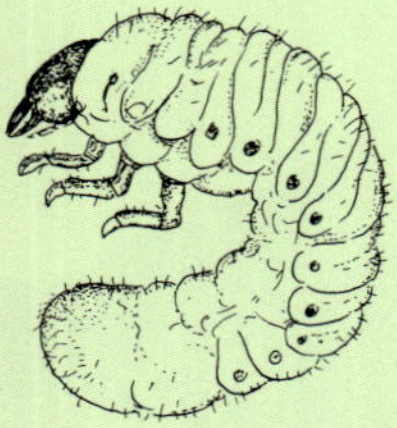

Engerling

Es ist schon fast vermessen, diesen neben dem Marienkäfer (Familie Coccinellidae) wohl bekanntesten Käfer zu erwähnen, denn viele Menschen kennen ihn nur noch aus Zeiten, die schon fast ein Jahrzehnt zurückliegen. Heute sucht man die Maikäfer in vielen Laubwäldern vergeblich. Die erwachsenen Käfer können bei Massenvermehrung ganze Wälder entlauben. Kein Wunder, daß man sie mit chemischen Mitteln rigoros bekämpft hat. Diese Maßnahmen sind sicher ein Grund dafür, daß der Maikäfer heute so selten geworden ist. Seine Gestalt und Färbung brauchen wohl kaum beschrieben zu werden. Hier sei die Entwicklung des Käfers erwähnt: Ende Mai/Anfang Juni graben sich die begatteten Weibchen in die Erde und legen dort etwa 70 Eier ab, aus denen dann die Engerlinge schlüpfen (Grafik). Diese Larven ernähren sich von den Wurzeln verschiedener Pflanzen und können wie die adulten Käfer enormen Schaden anrichten, wenn sie in großen Mengen auftreten. Im Sommer des dritten Jahres verpuppen sich die Larven. Aus den Puppen schlüpfen im Herbst die Imagines, die aber noch den Winter im Boden überdauern. Erst im folgenden Frühjahr kriechen die fertigen Käfer an die Erdoberfläche. Auf Grund dieses Entwicklungszyklus kommt es in Abständen zu sogenannten Maikäferjahren, in denen die Käfer früher massenhaft auftraten. Mittlerweile mehren sich die Anzeichen, daß sich die Maikäferbestände etwas erholt haben.

Moschusbock

Aromia moschata

350 000 von den insgesamt 825 000 auf der Erde vorkommenden Insektenarten sind Käfer. Von diesen sind wiederum 30 000 Arten in die Familie der Bockkäfer (Cerambycidae) einzuordnen. Man erkennt Käfer dieser Familie allgemein an ihrer langgestreckten, schmalen Gestalt und den sehr langen Fühlern, die oftmals länger sind als der Körper selbst (s. Foto). Bestimmungsmerkmale des Moschusbocks sind vor allem sein nach hinten schmaler werdender Hinterleib und die insgesamt schwarzblaue Färbung, die aber durch einen metallisch blaugrünen oder goldenen Glanz überlagert wird. Der Körper wird über 3 cm lang. Man findet den Käfer besonders auf Weidenbäumen; am ehesten wird man daher in Auenwäldern mit ihm rechnen können. Drüsen im Brustabschnitt scheiden ein Sekret aus, das angenehm nach Moschus duftet. Dieser Duft hat dem Käfer seinen Namen eingetragen. Bockkäfer fliegen gut und auch recht häufig.

Buchdrucker
Ips typographus

(Fotos oben)

Der Buchdrucker gehört in die von allen Forstleuten gefürchtete Familie der Borkenkäfer (Ipidae), die größte wirtschaftliche Bedeutung haben. Zwar geht der hier besprochene Buchdrucker in erster Linie an kranke oder abgestorbene Bäume, bei Massenvermehrung geht er aber auch auf gesunde Bäume über. Der Buchdrucker befällt besonders Fichten, unter deren Rinde die Weibchen Fraßgänge anlegen. Von diesen Gängen gehen rechts und links Nischen ab, in die die Eier gelegt werden. Die Larven fressen nun ihrerseits weitere Gänge in das Holz (s. Foto oben links). Die aus den Puppen geschlüpften, 5 mm langen Käfer bohren ein rundes Flugloch in die Rinde, um ins Freie zu gelangen. Am gefällten Baum sieht man häufig auch die Fraßmuster verschiedener anderer Borkenkäferarten. Will man sie genau bestimmen, bedarf es spezieller Literatur.
Eine elegante und umweltschonende Methode, Borkenkäferplagen zu bekämpfen, bedient sich synthetischer Sexuallockstoffe. Mit Hilfe dieser Substanzen lockt man Käfer in speziell konstruierte Fallen (Grafik). Auf die Anwendung von Insektiziden, die auch andere Organismen gefährden, kann auf diese Weise verzichtet werden.

Lockstoff-Falle

Riesenholzwespe
Paururus noctilio

(Foto unten)

Neben den Käfern sind die Hautflügler (Hymenoptera) eine besonders wichtige Ordnung innerhalb der Insekten. Der vielleicht wichtigste Vertreter aus dieser Gruppe ist die Honigbiene. Neben den Bienen gehören noch die Hummeln, Wespen, Ameisen und einige weitere Gruppen zu den Hautflüglern. Sie alle besitzen 4 häutige Flügel. Die Holzwespen (Familie Siricidae) sehen in etwa den gemeinhin als Wespen bekannten Tieren ähnlich, sie sind aber weniger deutlich in Kopf, Brust und Hinterleib gegliedert. Die Tiere werden 1,5 bis 4 cm lang. Die Weibchen besitzen einen auffälligen Legebohrer, der das Hinterende ein gutes Stück überragt (s. Foto). Mit diesem Apparat stechen sie das Holz von kranken oder abgestorbenen Nadelbäumen – meist Fichten oder Kiefern – an, um dort je gebohrtes Loch 1 Ei abzulegen. Die schlüpfenden Larven können sich dann von dem sie umgebenden Holz ernähren. Sie fressen also mehr oder weniger lange Gänge in das Holz und richten dadurch manchmal großen Schaden an. Die Larven verpuppen sich im Innern des Stammes und fliegen erst als Imagines ins Freie.

Schlupfwespen

Familie Ichneumonidae

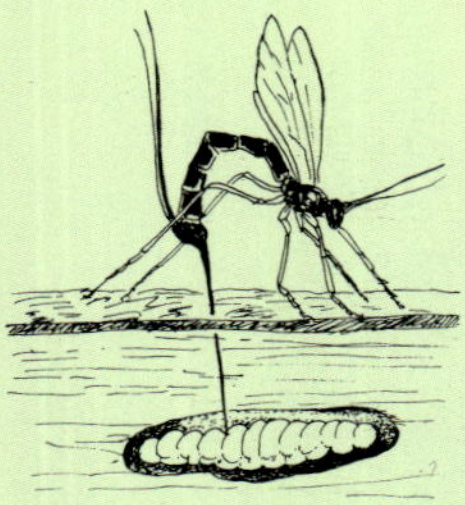

Schlupfwespen gehören ebenfalls zu den Hautflüglern. An ihrer schlanken, wespenartigen Gestalt kann man sie relativ gut erkennen. Außerdem haben sie lange Beine und Fühler, und bei den Weibchen fällt der lange Legeapparat sofort auf (s. Foto, zur Funktion s. Grafik). Schlupfwespen spielen bei der Aufrechterhaltung des biologischen Gleichgewichts in Waldgesellschaften eine große Rolle. Die erwachsenen Tiere leben zwar von Pollen und Nektar, ihre Larven entwickeln sich aber in anderen Tieren, vornehmlich in den Larven anderer Insekten. Viele Larven von Schadinsekten werden durch Schlupfwespen unschädlich gemacht. Wenn man sie in ausreichender Zahl züchten könnte, hätte man eine sinnvolle Methode biologischer Schädlingsbekämpfung in der Hand. Versuche hierzu werden gemacht.

Rote Waldameise

Formica rufa

Bau, aufgeschnitten

In Nadelwäldern sieht man regelmäßig die bis zu 1,50 m hohen, aus Nadeln, kleinen Zweigen und Erde zusammengetragenen, kuppelförmigen Baue der Roten Waldameise. Meist sind die Ameisenhaufen an trockenen, sonnigen Stellen am Waldrand angelegt. Oberirdisch erkennt man aber nur einen kleinen Teil des Nestes; unter der Erde kann es sich bis zu 2 m tief ausdehnen (Grafik). In diesem gut organisierten Insektenstaat trifft man – wie bei den Bienen – verschiedene Bewohner an, die sich in ihrem Körperbau und in ihren Aufgaben unterscheiden. Die Mehrzahl sind Arbeiterinnen – verkümmerte Weibchen, die etwa 5 bis 8 mm lang werden und keine Flügel besitzen. Ihre Aufgaben sind Brutpflege, Nestbau und Nahrungsbeschaffung. Je nach Witterungsbedingungen und Alter müssen Eier, Larven und Puppen an bestimmte Stellen im Bau getragen werden. Die Larven müssen außerdem mit Nahrung versorgt werden. Arbeiterinnen übernehmen auch Verteidigungsaufgaben. Ameisen besitzen zwar keinen Stachel, verspritzen aber Ameisensäure und können empfindlich beißen. Zur Schwarmzeit im Frühjahr schlüpfen aus den Puppen die 9 bis 11 mm langen Geschlechtstiere, geflügelte Männchen und geflügelte Weibchen. Im Mai/Juni sieht man gelegentlich die Ameisen auf ihrem Hochzeitsflug. Die befruchteten Weibchen brechen danach ihre Flügel ab und versuchen, an einer geeigneten Stelle selbst einen Ameisenstaat aufzubauen. Die Baue der Roten Waldameise beherbergen oft 100 000 und mehr Individuen. In der Roten Liste wird die Art leider als »gefährdet« eingestuft.

Pflanzengallen

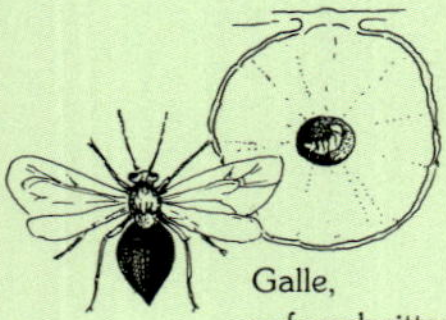

Eichengallwespe

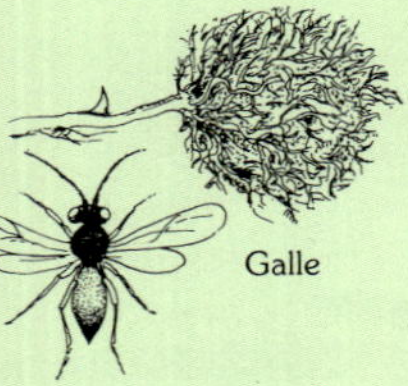

Rosengallwespe

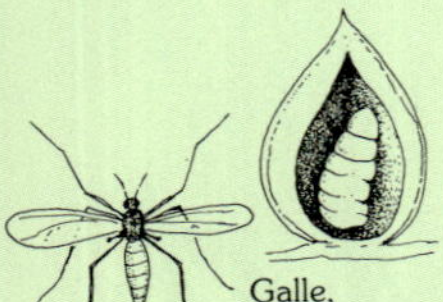

Buchengallmücke

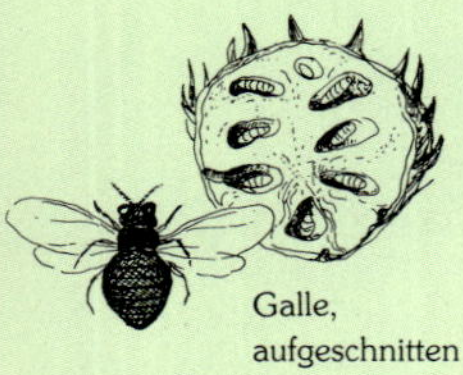

Fichtengallaus

An den verschiedensten Pflanzen fallen ab und zu eigentümliche Wucherungen auf, die ganz unterschiedliche Formen haben können. Diese sogenannten Gallen treten hauptsächlich an Blättern und Stengeln auf. Ihre Bildung wird meist von Insekten ausgelöst, aber es sind auch Mikroorganismen und Pilze bekannt, die solche Veränderungen an der Wirtspflanze bewirken. Die Gallbildung wird also durch artfremde Organismen verursacht und stellt eine Reaktion der Pflanze auf diesen Organismus dar. Die Gallenerreger greifen auf im einzelnen noch nicht genau geklärte Weise in den Stoffwechsel der Wirtspflanze ein, so daß es zu örtlich und zeitlich begrenzten Wachstumsprozessen kommt. Die Gallen haben deshalb meist eine ganz bestimmte, unverwechselbare Form.

Unter den verschiedenen Insekten, die eine Gallbildung auslösen können, sind besonders Wespen, Mükken und Läuse hervorzuheben. Die Gallen stellen die Kinderstube dieser Insekten dar: Die Eier werden in Blätter oder Stengel abgelegt, und die Larven entwikkeln sich dann in den sich ausformenden Gallen zum fertigen Tier. Das gewucherte Pflanzengewebe ernährt die Larven.

Bekannt sind die Eichengallen (Foto oben links), kugelige Gebilde auf der Unterseite von Eichenblättern, die 1 bis 2 cm Durchmesser haben können. Ihr Erreger ist die **Eichengallwespe** (*Cynips quercusfolii;* Grafik). Die Weibchen legen ihre Eier in den Blattrippen ab. Um die Larve herum bildet sich die Galle, deren Wände der Larve als Nahrung dienen (Grafik).

An den verschiedenen Wildrosenarten sieht man manchmal rötlich-gelbe, zottige Gebilde (Grafik). Diese Gallen werden von der **Rosengallwespe** (*Diplolepis rosae;* Grafik) verursacht. Sie weisen in ihrem Inneren mehrere Larvenkammern auf (s. Foto oben rechts).

Auf Rotbuchenblättern entdeckt man oft grünliche, im älteren Zustand auch rötliche, eiförmige Gallen (Foto unten links). Hier ist der Erreger die **Buchengallmükke** (*Mikiola fagi;* Grafik). Im Inneren entwickelt sich nur eine einzige Larve (Grafik).

Schließlich findet man an Fichten Gallbildungen. Sie stehen an den Enden der Zweige und werden wegen ihrer Form Ananasgallen genannt (Foto unten rechts). Ihr Erreger ist die **Rote Fichtengallaus** (*Adelges laricis;* Grafik). Diese Gallen enthalten wieder mehrere Larvenkammern (Grafik).

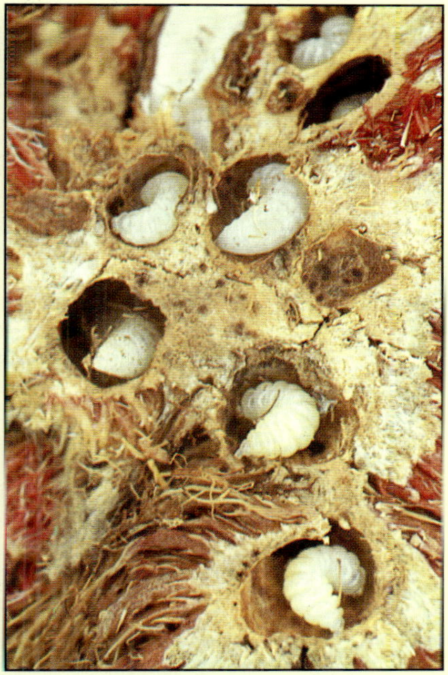

Kaisermantel, Silberstrich

Argynnis paphia

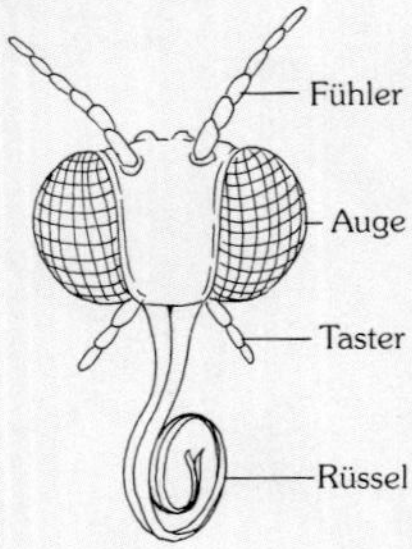

Raupe

Schmetterlinge sind heute schon recht selten geworden, zumindest im dicht besiedelten Mitteleuropa, wo viele Lebensräume dieser schönen Insekten ruiniert worden sind, Pflanzenschutzmittel die Futterpflanzen (häufig sogenannte Unkräuter) in ihrem Bestand dezimiert und auch die Falter selbst vernichtet haben. Schmetterlinge gehören zur Klasse der Insekten und bilden hier eine eigene Ordnung (Lepidoptera). Wichtigste Kennzeichen sind die mit winzigen flachen Schuppen bedeckten Flügel und der lange, einrollbare Saugrüssel (Grafik).

Der Kaisermantel ist einer der Tagfalter, denen man heute noch relativ häufig begegnet. Er ist über fast ganz Europa verbreitet; ausgeklammert sind Südspanien, das nördliche Großbritannien und Nordskandinavien. Der Falter kommt aber auch in weiten Teilen Asiens bis nach Japan und in Algerien vor. Es gibt allerdings verschiedene, ganz ähnlich aussehende Arten, so daß man den Kaisermantel leicht verwechseln kann. Hier muß auf spezielle Bestimmungsbücher verwiesen werden. Auch ausführliche Bildführer können bei der Artdiagnose eine große Hilfe sein. Der Kaisermantel fliegt von Ende Juni bis Anfang September an Waldrändern, auf Waldwiesen, auf Lichtungen und an den Rändern von Waldwegen. Bevorzugt besucht er Disteln. Die Raupe lebt an Wald-Veilchen; sie ist bräunlich gefärbt, trägt verästelte Dornen und zeigt deutliche gelbe Längsstreifen auf dem Rücken (Grafik).

Waldbrettspiel

Pararge aegeria

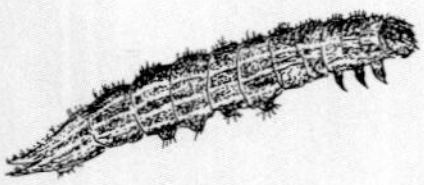

Raupe

Dieser Tagfalter ist sowohl von der Färbung wie auch von der Lebensweise her wesentlich auffälliger als der Kaisermantel. Er ist von Westeuropa bis Zentralasien verbreitet und kommt auch in Nordafrika vor. In Europa fehlt er nur im nördlichen Großbritannien und in Mittel- und Nordskandinavien. Als Lebensraum bevorzugt das Waldbrettspiel lichte Laubwälder, wo der Falter auch im Innern des Baumbestandes zu beobachten ist. Vom Tiefland geht er bis in Lagen um 1000 m. Er fliegt von Mitte April bis Mitte Juni (die erste Generation) und von Juli bis September (die zweite Generation). Seine Raupen leben an verschiedenen Gräsern. Sie sind graubraun gefärbt, haben einen schwarzen Rückenstreifen und helle Seitenstreifen (Grafik). Da es verschiedene, ganz ähnlich aussehende Tagfalterarten gibt, ist das Waldbrettspiel nicht leicht von anderen Arten zu unterscheiden.

Eichenwickler
Tortrix viridiana

Puppe

Tagfalter sind häufig sehr reizvoll und ästhetisch gefärbt. Sie fliegen elegant und sprechen wohl jeden Naturfreund an. Diese Schmetterlinge machen aber nur einen kleinen Teil der gesamten Schmetterlingsfauna aus. Viel umfangreicher sind die großen Gruppen der Wickler, Spinner, Spanner, Eulen und Schwärmer. Unter ihnen sind Arten, die für die Ökologie unserer Wälder teilweise von großer Bedeutung sind. Viele Arten aus den zuletzt genannten Gruppen sind nämlich Schadinsekten, die bei massenhaftem Auftreten ganze Wälder kahlfressen können. Dies wiederum hat ein massives Eingreifen der Forstleute zur Folge, die manchmal gar keine andere Wahl haben, als mit Insektiziden zu versuchen, die Bestände der Schädlinge zu reduzieren oder zu vernichten. Schäden bei anderen Insekten sind da nicht zu vermeiden. Eine schonendere Maßnahme gegen solche Massenentwicklungen bestimmter Schadinsekten ist nun, einen Lebensraum abwechslungsreich zu gestalten. Eine Chance liegt auch in biologischen Methoden, etwa in der Ansiedlung von Vögeln, die Schadinsekten fressen.
Einer der schädlichen Schmetterlinge ist der Eichenwickler. Wickler (Tortricidae) heißt die ganze Familie, weil die Raupen in eingerollten, zusammengesponnenen Blättern leben. Auch die Verpuppung findet in diesen Blattüten statt (Puppe s. Grafik). Eichenwickler fliegen von Ende Mai bis in den Juni hinein, bevorzugt in der Abenddämmerung. Sie schädigen vor allem Eichenbestände.

Schlehenspanner
Angerona prunaria

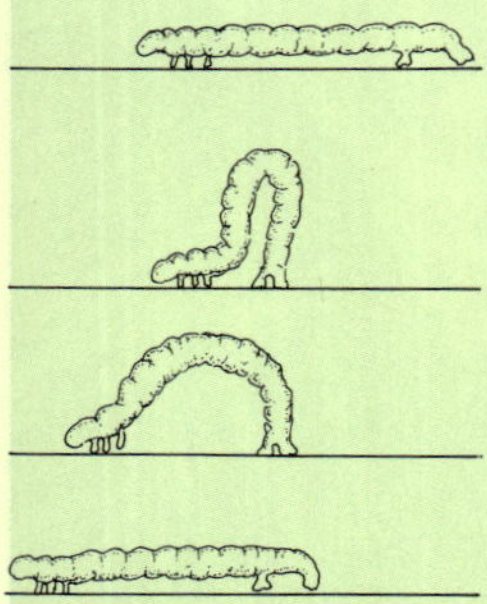

Fortbewegung der Raupe

Als nächste Schmetterlingsfamilie seien die Spanner (Geometridae) vorgestellt. Spanner ähneln im Körperbau den Tagfaltern, wenn sie auch im Durchschnitt kleiner sind und in ihrer Färbung unscheinbare Grau- und Brauntöne vorherrschen. In Ruhestellung werden die Flügel flach ausgebreitet. Die Spanner sind überwiegend dämmerungs- und nachtaktiv. Typisch sind die Raupen. Zum einen können sie Aststücken täuschend ähnlich sehen, wenn sie sich absolut ruhig verhalten. Zum anderen aber zeigen sie die sprichwörtliche Fortbewegung, die der ganzen Gruppe den Namen gegeben hat (Grafik). Der gelborange gefärbte Schlehenspanner kommt in lichten Wäldern vor, aber auch in Parks und Obstgärten. Die Falter fliegen von Mai bis August. Die Raupen fressen vor allem an Himbeere, Heidelbeere und Besenginster. Man trifft sie in der Zeit von August bis Mai an.

Nonne
Lymantria monacha

(Foto oben links)

Raupe

Einen Horror haben die Förster vor Massenentwicklungen der Nonne. Die Raupen dieses Spinners (Grafik) fressen sowohl auf Laubbäumen als auch auf Nadelbäumen; Fichten werden bevorzugt. Bei häufigem Auftreten fressen sie die Baumbestände vollständig kahl. Die Nonne zählt damit zu den ärgsten Forstschädlingen Mitteleuropas. Den Falter erkennt man leicht an den weißen Vorderflügeln mit den schwarzen gezackten Bändern (s. Foto). Die Hinterflügel sind grau und tragen dunkel gefleckte Fransen. Der Hinterleib ist weiß. Der Falter fliegt im Juli/August.

Forleule, Kieferneule
Panolis flammea

(Foto oben rechts)

Dieser unscheinbare Schmetterling hat schon Millionenschäden angerichtet. Seine Raupen haben immer wieder große Kiefernforsten – vor allem in Nord- und Mitteldeutschland – völlig kahlgefressen. Bei den Förstern ist also eine Forleulenplage sehr gefürchtet. Die Raupen beginnen schon sehr zeitig, die Nadeln abzufressen. Im Juni sind manche Kiefern dann schon kahl und sterben nach und nach ab.

Pappelschwärmer
Laothoe populi

(Foto unten)

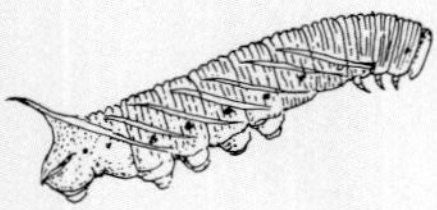

Raupe

In die Schmetterlingsfamilie der Schwärmer (Sphingidae) gehören durchweg große Arten. Die allgemeinen Kennzeichen dieser Schmetterlingsgruppe sind das dikke Bruststück, der dicht behaarte Hinterleib und die kräftigen Beine mit den ebenfalls dicht behaarten Schenkeln. Ruhende Schwärmer tragen ihre Flügel entweder flach ausgebreitet oder dachförmig über den Hinterleib zusammengelegt. Schwärmer gehören zu den ausdauerndsten Fliegern unter den Schmetterlingen. Der Pappelschwärmer wird bis zu 2,5 cm lang und erreicht eine Spannweite von bis zu 9 cm. Auffällig ist die Stellung der Flügel. In Ruhe werden die Hinterflügel nach vorne gezogen, so daß auf den ersten Blick der Eindruck entsteht, der Falter hätte relativ kleine Vorderflügel, aber sehr große Hinterflügel (s. Foto). Die Auflösung der Form ergibt zusammen mit der grau-goldenen Färbung eine ausgezeichnete Tarnung. Der Schwärmer ist in der Dämmerung und während der Nacht aktiv. Sein bevorzugter Lebensraum sind Laubwälder. Man findet ihn aber auch in größeren Gärten und Parks. Die Falter nehmen keine Nahrung mehr zu sich, da ihre Rüssel verkümmert und deshalb zur Nahrungsaufnahme nicht mehr geeignet sind. Die Raupen (Grafik) leben an Pappeln und Weiden. Man begegnet dem Schmetterling daher am ehesten in Auenwäldern, wo die genannten Baumarten häufig sind.

Feuersalamander
Salamandra salamandra

Der Feuersalamander ist mit Ausnahme Großbritanniens und Skandinaviens über fast ganz Europa verbreitet. Darüber hinaus kommt er auch in Nordwestafrika und Teilen Südwestasiens vor. Die Tiere zeigen je nach Fundort sehr unterschiedliche Färbungen. Größe, Form und Zahl der Flecken variieren sehr stark, es kommen gelb gebänderte Rassen vor, und schließlich findet man auch völlig gelbe Tiere. Für Mittel- und Süddeutschland ist die abgebildete Form typisch. Salamander gehören zu den Lurchen oder Amphibien und sind an mehr oder weniger feuchte Lebensräume gebunden. Man kann diesem Lurch in feuchten Wäldern, an Bächen, Quellen und Tümpeln begegnen. Tagsüber hält er sich allerdings unter Moos, Steinen und Fallaub versteckt. Erst mit Einbruch der Dämmerung geht er auf die Suche nach Nahrung. Sie besteht aus Würmern, Schnecken und Kerbtieren. Nach der Paarung im Frühjahr und Sommer entwickeln sich im Weibchen 30 bis 70 Larven, die im Flachwasser abgesetzt werden. Die Larven tragen große Kiemenbüschel, besitzen Beine und einen Schwimmsaum am Schwanz (Grafik). Je nach Lebensbedingungen entwickeln sich die Larven in einigen Monaten oder erst nach Ablauf von 2 oder 3 Jahren zu Volltieren, die dann an Land leben.

Blindschleiche
Anguis fragilis

Die Blindschleiche wird in vielen Fällen für eine Schlange gehalten. Tatsächlich ist sie aber eine Eidechse, bei der im Laufe der Evolution die Beine reduziert worden sind. Blindschleichen kommen in ganz Europa mit Ausnahme von Irland, dem südlichen Spanien und großen Teilen Skandinaviens vor. Die Tiere werden bis zu 50 cm lang. Ihr Körper ist ganz mit glatten, glänzenden Schuppen bedeckt. Blindschleichen können in der Farbe ziemlich variieren, typisch ist aber eine rötlichbraune Rückenfärbung. Manchmal ist der Rücken dunkel gestreift. Am ehesten hat man Gelegenheit, Blindschleichen zu beobachten, wenn man in ihrem typischen Lebensraum – pflanzenreichen Waldlichtungen, Waldrändern und ähnlichen Stellen – in der Abenddämmerung oder nach Regenfällen nach ihnen sucht. Und es muß natürlich in der warmen Jahreszeit sein, denn Reptilien – wie die Blindschleiche – sind ja wechselwarme Tiere. Das Weibchen gebärt im April/Mai 5 bis 15 fertig ausgebildete Junge von etwa 7 bis 10 cm Länge. Ab Oktober ruhen die Tiere in tiefen Erdverstecken.

Mäusebussard

Buteo buteo

Flugbild

Fast alle Greifvögel sind heute selten geworden. Lange Zeit fielen sie unter die Kategorie »schädlich«, was unablässige Verfolgung nach sich zog. Aushorstung junger Greife und Abschuß waren an der Tagesordnung. Zur direkten Reduzierung der Bestände durch die Menschen kamen die Veränderungen in den angestammten Lebensräumen. Heute versteht man die Rolle der Greifvögel in intakten Ökosystemen besser und billigt ihnen einen gewissen Schutz zu. Trotzdem müssen die letzten Wanderfalken- und Seeadlerhorste in Deutschland während der Brutzeit rund um die Uhr bewacht werden, damit diese Arten überleben können. Und die Jäger machen sich immer wieder bemerkbar und fordern den Abschuß bestimmter Arten.

Ein noch häufig zu beobachtender Greifvogel ist der Mäusebussard. Er besiedelt große Teile Europas, Mittelasiens, Nordamerikas und Teile Afrikas. Im Flug fallen der runde Kopf, der breite, gerundete Schwanz (Grafik) und die langgezogenen »hiäh«-Rufe auf. Der Horst wird fast immer in großer Höhe auf Bäumen angelegt. Im Abstand von jeweils 3 oder 4 Tagen legt das Weibchen 2 bis 3 Eier, die auf weißlichem Grund rötlichbraun gefleckt sind. Die Brutdauer beträgt 4 Wochen.

Habicht

Accipiter gentilis

Flugbild

Besonders stark hatte der Habicht unter der Verfolgung durch den Menschen zu leiden. Man nannte ihn »Hühnerhabicht«, und das hatte eine stark emotional betonte Beurteilung seiner ökologischen Funktion zur Folge. Zurückgehende Bestände an Tauben, Rebhühnern oder Fasanen wurden gerne auf das Konto des Habichts gebucht. Daß mit der Zerstörung der Lebensräume auch die Bestände der jagdlich interessanten Vogelarten zurückgehen mußten, wollte man nicht sehen. Trotzdem können die Habichtbestände in Mitteleuropa momentan als gesichert angesehen werden, auch wenn man diesen Greif viel seltener zu Gesicht bekommt als den Mäusebussard. Sein Verbreitungsgebiet ist dem des Bussards ähnlich, der Habicht bevorzugt aber stärker waldnahe Gebiete. Der Horst – ähnlich groß wie ein Bussardhorst – wird ebenfalls auf hohen Bäumen errichtet. Das Weibchen legt 3 bis 4 grünlich-weiße Eier. Die Jungen schlüpfen nach rund 35 Tagen und verlassen nach weiteren 5 bis 6 Wochen den Horst. Wie eine verkleinerte Ausgabe des Habichts sieht der **Sperber** *(Accipiter nisus)* aus. Er ist ein wendiger Kleinvogeljäger. Beide Greifvögel sind nach der Roten Liste als »potentiell gefährdet« anzusehen.

Hohltaube

Columba oenas

Taube im Höhleneingang

Die Hohltaube ist etwas kleiner als die bekannte Ringeltaube, sieht ihr aber in der Grundfärbung ähnlich. Die Oberseite ist blaugrau, mit grünlich bis purpurrot schillernden Flecken an den Seiten des Halses. Die Unterseite ist etwas heller und zeigt einen rötlichen Anflug auf der Brust (s. Foto). Das Verbreitungsgebiet dieser Taubenart stimmt fast mit dem der Ringeltaube überein, nur ist sie viel seltener zu beobachten. Die Hohltaube ist nämlich an ruhige Waldgebiete gebunden. Und als Höhlenbrüter ist sie auf das Vorhandensein natürlicher oder künstlicher Nisthöhlen angewiesen. Natürliche Nisthöhlen sind im wesentlichen die alten Höhlen vom Schwarzspecht; künstliche Nisthöhlen kann der Forstmann aufhängen, wenn es in seinem Revier an einem entsprechenden Wohnungsangebot für Höhlenbrüter mangelt. Die Hohltaube legt 2 weiße Eier. Die Jungen werden – wie bei allen Tauben – anfangs mit einer besonderen Kropfmilch gefüttert und erst im Alter von etwa 10 Tagen zusätzlich mit Sämereien und Früchten. Die Art ist nach der Roten Liste »stark gefährdet«.

Ringeltaube

Columba palumbus

Flugbild

Die an dem weißen Halsfleck und den weißen Flügeldecken leicht erkennbare Ringeltaube kommt mit Ausnahme von Island und Nordskandinavien in fast ganz Europa vor. In anderen Rassen bewohnt sie Teile Asiens und Nordwestafrikas. In Mitteleuropa ist diese größte heimische Taubenart ein überall häufiger Brutvogel. Sie kommt dabei nicht nur in kleineren und größeren Waldgebieten vor, sondern brütet mittlerweile auch in Gärten und Parks, auf Straßenbäumen und auf Friedhöfen. Wenn ein reichliches Nahrungsangebot, vor allem an Bucheckern, besteht, bleiben Ringeltauben in milden Wintern in Mitteleuropa. Dann kommen sogar oftmals noch Zuzügler aus Skandinavien zu uns. Meist aber ziehen die Tauben in der ungünstigen Jahreszeit nach Südwesten ab. Ringeltauben bauen ausgesprochen schlampige Nester. Meist werden nur wenige Zweige zu einem flachen Bau von etwa 30 cm Durchmesser zusammengelegt. Von unten sieht man durch das lockere Geflecht 2 weiße Eier im Nest liegen. Ringeltauben machen mehrere Bruten hintereinander. Dies setzt allerdings voraus, daß die Bruten ineinandergeschachtelt werden, d.h. das Weibchen bebrütet schon die nächsten Eier, während sich das Männchen noch um die Aufzucht der Jungen aus der vorherigen Brut kümmert. Die frühesten Gelege findet man bei uns im April, manchmal auch schon im März.

Kuckuck

Cuculus canorus

Weibchen, braune Phase

Der Kuckuck wird etwa 33 cm lang. An der blaugrauen Oberseite und Kehle, der hellen Unterseite mit der feinen dunklen Bänderung (Sperberung) und dem dunklen, weiß gefleckten und am Ende abgerundeten Schwanz ist der Vogel in beiden Geschlechtern gut zu erkennen (Foto oben). Gelegentlich treten auch braune Exemplare (»braune Phase«) auf; solche Weibchen sind auch auf Oberseite und Kehle quergestreift (Grafik). Im Flug fallen außerdem die spitzen Flügel und die relative Länge des Schwanzes auf. Und die typischen zweisilbigen, manchmal auch dreisilbigen Rufe kennt wohl jeder. Der Kuckuck ist über ganz Europa verbreitet, ist aber ein ausgesprochener Zugvogel, der im südlichen Afrika überwintert. Der Vogel gibt in Mitteleuropa also nur eine kurze Gastrolle, etwa von Mitte Mai bis Mitte August.

Aber seine Rolle ist interessant. Er ist nämlich der einzige Brutschmarotzer oder Brutparasit in der mitteleuropäischen Vogelwelt, d. h. er läßt seine Eier von anderen Vögeln (Kleinvögeln bis Drosselgröße) ausbrüten und die Jungen von ihnen aufziehen. Die 15 bis 20 Eier, die ein Weibchen in einem Frühjahr legt, ähneln meist denen des Wirtvogels in der Färbung, sind aber größer. Interessanterweise ist jedes einzelne Weibchen auf eine ganz bestimmte Wirtvogelart spezialisiert. Kuckuckseier findet man häufig in den Nestern von Bachstelzen, Grauschnäppern, Sumpfrohrsängern (Foto unten links) und Teichrohrsängern, aber auch andere Vogelarten kommen als Wirte in Frage. Hat das Weibchen ein Ei in das fremde Nest gelegt, entnimmt es ein Ei des Wirtvogels und fliegt davon. Sofort nach dem Schlüpfen hat der junge Kuckuck eine schwere Arbeit vor sich. Er muß nämlich die restlichen Eier aus dem Nest hinauswerfen. Dabei stemmt sich der junge Vogel an der Nestwand hoch und bugsiert die Eier über den Rücken zum Nestrand (Foto unten links). Ist diese Arbeit erledigt, hat er genügend Platz im Nest. Vor allem aber wird er jetzt allein von den Altvögeln aufgezogen. Ihm kommt also die gesamte herbeigeschaffte Nahrung zugute, und deshalb kann er recht schnell heranwachsen. Jungvögel werden auch nach dem Verlassen des Nestes noch einige Tage von ihren Wirteltern gefüttert, obwohl sie oft schon beträchtlich größer sind als diese (im Foto unten rechts ein Sumpfrohrsänger).

Die Fragen, die die Biologie des Kuckucks bzw. der Brutparasitismus allgemein aufwirft, sind Gegenstand intensiver Untersuchungen seitens der Ornithologen.

Waldkauz
Strix aluco

Wie viele Greifvogelarten, sind auch viele Eulen heute selten geworden. Im wesentlichen ist diese Verarmung der Avifauna wieder auf negative Veränderungen in den Lebensräumen zurückzuführen. Eine Eule, die sich immer noch in guten Beständen hält, ist der robuste Waldkauz. Er ist über fast ganz Europa verbreitet, fehlt nur in Irland und auf Island und in den nördlichen Teilen Skandinaviens. Besiedelt werden außerdem Gebiete in Nordwestafrika, Kleinasien, Süd- und Ostasien. Bei uns ist der Waldkauz vor allem in Wäldern mit alten Bäumen anzutreffen, aber auch in größeren Gärten und Parks. Er ist ein ausgesprochener Standvogel. Waldkäuze brüten fast immer in Höhlen, bevorzugen dabei aber Baumhöhlen. Wenn Nistmöglichkeiten knapp werden – und dieses Problem stellt sich in den modernen Wirtschaftsforsten vielen Höhlenbrütern –, dann werden vom Waldkauz auch künstliche Nisthöhlen angenommen. Meist hört man schon im Februar die langezogenen »huuu, huuuu, huuu"-Rufreihen der Männchen, die damit ihr Revier akustisch markieren und die Weibchen auf sich aufmerksam machen. In der zweiten Märzhälfte findet man bereits die aus 3 bis 4 Eiern bestehenden Gelege. Die Eier sind rundlich geformt und weiß gefärbt. Das Weibchen brütet sie allein aus, wird aber in dieser Zeit vom Männchen gefüttert. Im Alter von etwa 4 Wochen verlassen die jungen Käuze die Bruthöhle (s. Foto). Durch die Funde der unverdaulichen Nahrungsteile, die in Form von Gewöllen (Grafik) ausgewürgt werden, wird man häufig zuerst auf die Anwesenheit von Eulen aufmerksam.

Gewölle

Waldohreule
Asio otus

Die Waldohreule ist vom Waldkauz an den langen, gut sichtbaren Federohren leicht zu unterscheiden. Diese Eule ist über fast ganz Europa, Mittelasien, Nordwestafrika und Teile Nordamerikas verbreitet. Bei uns ist sie in Feldgehölzen und in Waldgebieten anzutreffen. Sie baut nie einen eigenen Horst, sondern benutzt die Nester von Elstern und Krähen, manchmal auch die anderer Greife und sogar von Tauben. Die Waldohreule legt 4 bis 6 weiße, rundliche Eier, die 4 Wochen lang bebrütet werden. Die Gelege findet man bei uns im März/April. Nach dem Verlassen des Nestes werden die Ästlinge (Grafik) noch mehrere Wochen von den Eltern gefüttert. Waldohreulen ernähren sich hauptsächlich von Feldmäusen. Das hat zur Folge, daß in guten Mäusejahren auch die Eulenbestände hoch sind, in schlechten Jahren sinken die Zahlen ab.

Ästling

Grünspecht
Picus viridis

(Foto oben links: Männchen)

Jungvogel

Erdspecht am Boden

Spechte haben charakteristische, gemeinsame Kennzeichen: Mit ihren Kletterfüßen – 2 Zehen sind nach vorn, 2 nach hinten gerichtet, alle tragen steigeisenartige Krallen – können sie sich hervorragend an Baumstämmen bewegen. Der keilförmige Stützschwanz ist eine weitere Anpassung an ihre kletternde Lebensweise. Mit ihrem kräftigen, stoßgedämpften Meißelschnabel spalten sie Baumrinde und morsches Holz, um dort nach Nahrung – vor allem Insekten und deren Larven – zu suchen. Die lange, mit Widerhaken besetzte Zunge holt die Beutetiere selbst aus feinsten Höhlungen hervor. Mit dem Schnabel zimmern die Spechte aber auch ihre Bruthöhlen. Klopf- und Trommelzeichen bilden ein Signalsystem zur Verständigung.
Beim Grünspecht tragen die Altvögel eine rote Kopfplatte und einen breiten Bartstreif. Jungvögel sind unterseits dunkel quergebändert (Grafik). Dieser Specht ist akustisch sehr auffällig; sein lautes »glüh-glüh-glüh« ist kaum zu überhören. Er ist über fast ganz Europa verbreitet, kommt darüber hinaus noch in Teilen der Sowjetunion und in Kleinasien vor. Ihre Nisthöhlen zimmern Grün- und Grauspecht (s. unten) bevorzugt in Laubbäume, meist in Höhe von wenigen Metern. Beide Arten bezeichnet man auch als Erdspechte; sie suchen nämlich gerne an Ameisenhaufen ihre Insektennahrung (Grafik).

Grauspecht
Picus canus

(Foto oben rechts: Männchen)

Der Grauspecht kann auf den ersten Blick leicht mit dem Grünspecht verwechselt werden. Er hat aber einen grauen Kopf mit viel weniger Rot und einen schmalen, auch beim Männchen schwarzen Bartstreif. Seine Rufe werden gegen Ende der Reihe langsamer und fallen in der Tonhöhe ab.

Buntspecht
Dendrocopos major

(Foto unten)

Mittelspecht

Kleinspecht

Einer der häufigsten einheimischen Spechte ist der Buntspecht. Es gibt aber noch verschiedene andere, ganz ähnlich aussehende »bunte Spechte« in Europa, etwa den nach der Roten Liste »stark gefährdeten« **Mittelspecht** *(Dendrocopos medius)* und den **Kleinspecht** *(Dendrocopos minor),* so daß die Bestimmung bisweilen nicht ganz leicht ist (wichtige Merkmale zeigen die Grafiken). Der Buntspecht ist über fast ganz Europa verbreitet, kommt darüber hinaus in Mittelasien vor und auch in Nordwestafrika. Diese Spechtart bleibt in der Regel das ganze Jahr über bei uns. Das Weibchen legt 4 bis 6 glänzend weiße Eier. Die ersten Gelege findet man bei uns im April.

Schwarzspecht

Dryocopus martius

(Foto: Männchen)

brütendes Weibchen in der Höhle

Annähernd so groß wie eine Saatkrähe, ist der Schwarzspecht der größte unter den heimischen Spechten. Das Gefieder ist bis auf die rote Kopfplatte durchgehend schwarz gefärbt. Beim Männchen reicht die Kopfplatte vom Schnabel bis zum Hinterkopf (s. Foto). Das Weibchen besitzt lediglich einen roten Hinterkopf. Man kann die beiden Geschlechter also leicht unterscheiden. Der Schwarzspecht kommt fast überall in Europa vor. Er fehlt aber in Großbritannien, in Dänemark, in Holland und Belgien, in Teilen Frankreichs und im südlichen Griechenland. In Asien erstreckt sich das Verbreitungsgebiet bis nach Japan. Diese Spechtart kommt innerhalb ihres Verbreitungsgebietes überall in verschiedenen Waldtypen vor. Die Waldgebiete müssen aber ziemlich groß und zusammenhängend sein. Zum Bau seiner Höhle bevorzugt der Schwarzspecht deutlich Buchen und Kiefern, auch wenn man seine Höhlen bisweilen in anderen Bäumen findet (Grafik). An den Zimmerarbeiten beteiligen sich beide Geschlechter.

Da die Vögel jedes Jahr neue Höhlen bauen, stellen Spechthöhlen wichtige Nistmöglichkeiten für andere Vögel dar. Wegen ihrer Größe werden verlassene Schwarzspechthöhlen von Hohltauben, Blauracken, Wiedehopfen oder Schellenten angenommen. Die Höhlen von Grünspecht und Buntspecht werden dagegen eher von Meisen, Kleibern, Staren und Höhlenbrütern ähnlicher Größe benutzt. So leisten Spechte insgesamt eine wichtige Vorarbeit für die Ansiedlung von Höhlenbrütern in Waldgebieten. Fehlen sie, dann kann der Forstmann eingreifen, indem er künstliche Nisthöhlen im Wald aufhängt. Aus den modernen Wirtschaftsforsten ist diese Maßnahme der biologischen Schädlingsbekämpfung nicht wegzudenken.

Schwarzspechte legen 4 bis 5 glänzend weiße Eier. Was nach dem Schlüpfen der Jungen in einer Schwarzspechthöhle geschieht, hat Heinz Sielmann in seinem berühmten Film »Das Jahr mit den Spechten« meisterhaft gezeigt. Er hat zum ersten Mal das Leben innerhalb einer Schwarzspechthöhle in allen Einzelheiten gefilmt. Die Jungen schlüpfen nach etwa 2 Wochen Bebrütung aus den Eiern und bleiben dann noch etwa 1 Monat lang in der Höhle. Nach dem Verlassen der Höhle müssen sich die jungen Spechte ein eigenes Revier suchen. Sie werden von den Eltern aus deren Revier vertrieben, ein Verhalten, das man von allen europäischen Spechten kennt.

Zaunkönig
Troglodytes troglodytes

Oft wird der Zaunkönig für den kleinsten Vogel in der europäischen Avifauna gehalten. Tatsächlich wiegt der Vogel aber rund 8,5 g, also 3,5 g mehr als ein Goldhähnchen! Was den ornithologisch Interessierten immer wieder erstaunt, ist, daß der kleine Zaunkönig ein so lautes und auffälliges Lied schmettern kann. Man muß wirklich »schmettern« sagen, denn es ist nicht zu überhören, wenn man nicht nur mit offenen Augen, sondern auch mit offenen Ohren etwa durch einen unterholzreichen Wald geht. Das ist nämlich der bevorzugte Lebensraum dieses kleinen braunen, schwarz gemusterten Vogels mit dem kurzen Stelzschwanz (s. Foto). Daneben ist er auch in größeren Parks und in Gärten zu beobachten. Das Verbreitungsgebiet des Zaunkönigs erstreckt sich über fast ganz Europa, Teile Asiens und Nordamerikas, und er kommt auch in Nordwestafrika vor. Der Vogel baut in Bodennähe ein Kugelnest aus Moos und trockenen Blättern; es weist einen seitlichen Eingang auf (Grafik). Zweimal im Jahr werden 5 bis 7 weiße, fein rötlich gefleckte Eier ausgebrütet. Zaunkönige bleiben fast immer den Winter über in Mitteleuropa.

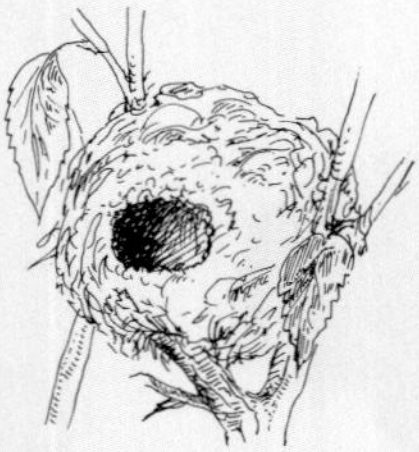

Nest

Mönchsgrasmücke
Sylvia atricapilla

In Waldgebieten lassen sich zwei Arten von Grasmükken beobachten; neben der unscheinbar bräunlichgrün gefärbten **Gartengrasmücke** *(Sylvia borin)* vor allem die Mönchsgrasmücke, die leichter zu erkennen ist: Das Weibchen hat eine braune, das Männchen eine schwarze Kopfplatte (s. Foto). Mönchsgrasmücken kommen mit Ausnahme Islands, Nordschottlands und Nordskandinaviens in ganz Europa, in Nordwestafrika und Teilen Asiens vor. Bei uns ist diese Grasmücke in Wäldern der verschiedensten Typen anzutreffen, aber auch in kleineren Feldgehölzen und in größeren Parks. Die Vögel treffen Mitte April aus ihren Überwinterungsgebieten wieder in Mitteleuropa ein. Ihr Nest aus Stengeln, Wurzelfasern und Pflanzenwolle steht niedrig über dem Boden in Büschen und Hecken. In der Regel werden 5 Eier gelegt, die in der Färbung stark variieren können; meist sind sie auf weißlich-grauem Grund bräunlich oder grünlich gefleckt, wobei die Flecken um den stumpfen Pol herum dichter angeordnet sind. Es werden 2 Bruten aufgezogen. Mitte September bis Mitte Oktober verlassen die Mönchsgrasmücken ihre Brutgebiete, um im südlichen Europa oder im nördlichen Afrika zu überwintern.

Waldlaubsänger
Phylloscopus sibilatrix

Genau wie die Rohrsänger an Weihern und Seen, sind die Laubsänger im Wald eine Vogelgruppe, die den ornithologisch noch nicht so versierten Naturfreund immer wieder verzweifeln läßt. Die Laubsänger sind nämlich allesamt grün, ihre Gefiederfärbung trägt wenig zur Artdiagnose bei. Man muß sich schon auf die Gesänge konzentrieren, um die einzelnen Arten auseinanderzuhalten. Schallplatten und Tonkassetten helfen einem, sich die einzelnen Vogelstimmen einzuprägen. Und bei ein bißchen Training kann man auch die Laubsänger an ihren Rufen und Gesängen leicht unterscheiden. Der Gesang des Waldlaubsängers ist beispielsweise ganz charakteristisch. Man kann ihn ungefähr mit »sib sib sib sirrrr« umschreiben. Der Vogel wird deshalb auch »Waldschwirrvogel« genannt – eine sehr brauchbare Eselsbrücke. Der Waldlaubsänger ist über große Teile Europas verbreitet. In Deutschland ist er in Laub- und Mischwäldern fast überall anzutreffen. Ende April/Anfang Mai kehren die Vögel aus ihrem Winterquartier im tropischen Afrika nach Mitteleuropa zurück. Sie bauen Bodennester, die wie kleine Backöfen gebaut sind, also eine seitliche Öffnung besitzen, ansonsten aber allseits geschlossen sind (Grafik). Ab Anfang Mai findet man die ersten vollen Gelege. Die 6 bis 7 Eier sind auf hellem Grund dunkel gefleckt. Die Vögel machen nur 1 Brut im Jahr. Anfang September ziehen sie wieder nach Süden.

Nest

Winter-goldhähnchen
Regulus regulus

Goldhähnchen sind die kleinsten Vögel Europas, sie wiegen gerade 5 g. Die geringe Größe ist also schon ein erstes sicheres Kennzeichen. Allerdings gibt es in Mitteleuropa 2 Goldhähnchenarten. Während beim Wintergoldhähnchen (s.Foto) jegliche Zeichnung um die Augen herum fehlt, sind für das **Sommergoldhähnchen** *(Regulus ignicapillus)* schwarze und weiße Augenstreifen typisch (vgl. Grafik). Das Wintergoldhähnchen kommt in fast ganz Europa vor; ausgenommen sind die Iberische Halbinsel und Nordskandinavien. Die Vögel kann man überwiegend in Nadelwäldern beobachten. Sie bauen dickwandige Kugelnester aus Moos, Haaren und Gespinst, die an die Unterseiten der Zweige von Nadelbäumen gehängt werden. Zweimal im Jahr werden je 8 bis 10 weiße, fein rötlichbraun gefleckte Eier ausgebrütet. Erste Gelege findet man im Mai. Meist ziehen die Vögel im Winter nach Süden, einzelne bleiben aber bei uns.

Sommergoldhähnchen

Nachtigall
Luscinia megarhynchos

Ein herrlicher Sänger und dabei so unscheinbar gefärbt – die Nachtigall. Der Vogel wird 16 cm lang. Die Oberseite ist einfarbig braun, die Unterseite heller und eher graubraun. Der rotbraune Schwanz wird oft gestelzt. Beide Geschlechter sind gleich gefärbt. Im April kommen die Vögel aus ihrem Winterquartier zurück. In größeren, verwilderten Gärten und Friedhöfen, in Parks mit feuchten Dickichten und in Laub- und Mischwäldern mit reichem Unterwuchs kann man jetzt den Gesang der Nachtigall hören. Er beginnt mit einer ansteigenden Folge von »dü, dü, dü«-Rufen, die lauter und schneller werden. Der Gesang endet in einem schluchzenden Schmettern. Diese wohl schönste europäische Vogelstimme ist sowohl bei Tag wie in der Dämmerung und nachts zu hören. Ihre Nahrung sucht die Nachtigall am Boden. Sie besteht aus Insekten, Spinnen, Schnekken, Würmern und Beeren. Auch das Nest wird am Boden angelegt, meist versteckt in dichter Vegetation. Ab Anfang Mai findet man die Gelege aus 4 bis 6 olivbraunen Eiern. Es wird 1 Brut aufgezogen. Im Oktober ziehen die Nachtigallen aus ihrem Brutgebiet ab.

Rotkehlchen
Erithacus rubecula

Das Rotkehlchen gehört wohl zu den bekanntesten einheimischen Vögeln. Seine Gefiederfärbung ist so auffällig, daß keine Verwechslung mit anderen Arten möglich ist. Zudem ist der Vogel über fast ganz Europa verbreitet, Nordskandinavien ist aber nicht besiedelt. Nach Osten erstreckt sich das Verbreitungsgebiet bis nach Sibirien hinein, nach Süden bis Nordwestafrika und nach Südosten bis nach Kleinasien. Eigentlich bevorzugt das Rotkehlchen Wälder mit reichlich Unterwuchs als Lebensraum, aber mittlerweile ist es auch in Gärten und Parks heimisch geworden. Ein Teil der Vögel bleibt den Winter über im Brutgebiet. Der größte Teil der mitteleuropäischen Population zieht aber in die Mittelmeerländer, um dort zu überwintern. Im März kehren die Vögel ins Brutgebiet zurück. Die Männchen besetzen die Reviere und singen dann ihr typisches Lied, das mit leisen Tönen beginnt und mit perlenden Tönen endet. Rotkehlchen bauen ihre Nester gut versteckt am Boden, am liebsten in natürlichen Höhlungen, etwa unter Baumwurzeln, an Böschungen und ähnlichen Orten. Es werden 2 Bruten aufgezogen. Die 5 bis 7 Eier sind auf weißlichem Grund dicht rotbraun gefleckt. Die Jungen tragen ein braunes, auf der Brust quergewelltes Federkleid (Grafik).

Jungvogel

Amsel, Schwarzdrossel
Turdus merula

Es mag erstaunen, daß hier die Amsel erscheint, die man doch eigentlich als einen Vogel unserer Gärten und Parks kennt. Aber nicht immer hielt sich der Vogel als Kulturfolger in der unmittelbaren Umgebung des Menschen auf. Früher war die Amsel ein scheuer Waldvogel! Man nimmt an, daß vor allem die besseren Ernährungsmöglichkeiten in den Städten und Dörfern die Verhaltensänderungen der Amsel ausgelöst haben. In Europa kommt die Amsel fast überall vor, lediglich das nördliche Skandinavien und Island sind ausgespart. Das Männchen ist einfarbig schwarz gefärbt. Es trägt einen gelben Augenring und einen gelben Schnabel (s. Foto). Das Weibchen ist demgegenüber unscheinbar dunkelbraun gefärbt, und seine Kehle ist braun gefleckt. Amseln legen ihre Nester an den unterschiedlichsten Stellen an, meist wenige Meter über dem Erdboden. Das Nest besteht außen aus Reisern, Blättern und Halmen. Innen ist es mit feinerem Material ausgelegt, in das auch feuchte Erde eingearbeitet wird. Das Amselnest ist ein insgesamt fester Bau mit einer tiefen Mulde, in die das Weibchen zweimal im Jahr je 4 bis 6 Eier legt. Die Eier sind auf verwaschen grünem Grund bräunlich gefleckt. Die ersten Gelege findet man schon Anfang April. Amseln sind bei uns Jahresvögel.

Singdrossel
Turdus philomelos

Die Singdrossel ist etwas kleiner als die Amsel. Beide Geschlechter gleichen sich: Die Oberseite ist einfarbig braun, die Unterseite weißlich-grau und braun gesprenkelt. Die Verbreitung in Europa stimmt mit der der Amsel in etwa überein, nur geht die Singdrossel viel weiter nach Norden hinauf, bewohnt andererseits nur den nördlichsten Teil der Iberischen Halbinsel. Singdrosseln sind Zugvögel, die allerdings schon im südwestlichen Europa und in Nordwestafrika überwintern. Anfang März treffen die Vögel wieder an ihren mitteleuropäischen Brutplätzen ein. Wälder mit reichlichem Unterwuchs sind ihr Lebensraum, aber sie kommen – ähnlich wie die Amsel – auch in Parkanlagen, in großen Gärten und auf Friedhöfen vor. Typisch ist ihr Gesang aus einzelnen, jeweils mehrere Male wiederholten Strophen. Singdrosseln bauen Nester, die denen der Amseln ähneln, nur sind die Innenwände mit einem Gemisch aus feinen Pflanzenteilen, Erde und Speichel sauber und glatt ausgekleidet (Grafik). Die 4 bis 6 Eier sind auf türkisfarbenem Grund schwarz gesprenkelt. Auch die Singdrossel macht 2 Bruten im Jahr.

Nest

Schwanzmeise
Aegithalos caudatus

(Foto oben)

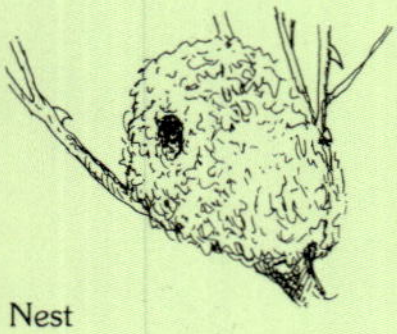

Nest

Die Schwanzmeise kommt mit Ausnahme von Nordskandinavien in ganz Europa vor. Der im Volksmund nach seiner Form auch „Pfannenstielchen" genannte Vogel bewohnt feuchte Laub- und Mischwälder, die reichen Unterwuchs aufweisen. Schwanzmeisen bauen aus den Gespinsten von Spinnen und Schmetterlingsraupen, Moos und Pflanzenfasern eiförmige Nester mit einer seitlichen Eingangsöffnung (Grafik). Innen sind die Nester mit Federn ausgepolstert. Die Weibchen legen zweimal im Jahr jeweils etwa 10 Eier, in der ersten Brut manchmal mehr, in der zweiten Brut meist weniger.

Haubenmeise
Parus cristatus

(Foto unten links)

Die Haubenmeise bewohnt fast ganz Europa. Bei uns ist sie in Nadelwäldern überall anzutreffen. Diese Meise ist an der schwarz-weißen Gesichtszeichnung und der Federhaube auf dem Kopf (s.Foto) leicht von den anderen Meisenarten zu unterscheiden. Zu ihrer Färbung kommt das markante »zizi gürrr«, eine für den Nadelwald charakteristische Vogelstimme. Haubenmeisen bauen ihre Nester in Baumhöhlen, nehmen aber auch Nistkästen an. Die Vögel machen 2 Bruten im Jahr. Die Eier – 7 bis 10 je Gelege – zeigen rostrote Flecken auf hellem Grund. Im Unterschied zu den Eiern der anderen Meisenarten sind die Flecken jedoch am stumpfen Pol zu einem Kranz angeordnet, so daß man sie – etwa bei einer Nistkastenkontrolle – recht gut erkennen kann.

Sumpfmeise
Parus palustris

(Foto unten rechts)

Das Verbreitungsgebiet dieser Meisenart weist 2 große, weit auseinanderliegende Areale auf. Das eine liegt in Mittel- und Südeuropa, das andere in Ostasien. Der Name »Sumpfmeise« ist nicht sehr glücklich, der Vogel bewohnt hauptsächlich Laub- und Mischwälder, kommt aber auch in Gärten und Parks vor. In Sumpfgebieten mit Weiden-, Birken- und Erlenbeständen trifft man eher die ganz ähnlich aussehende **Weidenmeise** *(Parus montanus)* an. Beide Arten zeigen ein graubraunes Gefieder, eine schwarze Kopfplatte und ein schwarzes Kinn. Bei der Weidenmeise ist die Kopfplatte aber mattschwarz, nicht glänzend. Außerdem hat sie ein helles Feld im Flügel. Die Sumpfmeise brütet sowohl in Baumhöhlen als auch in Nistkästen. Die Gelege, die man ab Ende April/Anfang Mai finden kann, bestehen aus 7 bis 10 Eiern. Sumpfmeisen machen nur 1 Brut im Jahr.

Blaumeise
Parus caeruleus

(Foto oben links)

Die Blaumeise ist zusammen mit der Kohlmeise die wohl am häufigsten zu beobachtende Meisenart. Sie brütet ja nicht nur in Wäldern, sondern auch in Gärten und Parks und stellt sich im Winter am Futterhaus ein. Ihr Verbreitungsgebiet ist Europa mit Ausnahme Nordskandinaviens, daneben kommt sie auch in Nordafrika und in Vorderasien vor. Ihre Verbreitungsgrenze nach Osten liegt am Ural. Die Blaumeise legt zweimal im Jahr 10 bis 12 Eier, die auf weißem Grund rotbraun gefleckt sind. Volle Gelege findet man im Mai und Juni.

Tannenmeise
Parus ater

(Foto oben rechts)

Die Tannenmeise kommt im größten Teil der Nordhalbkugel vor, wobei allerdings die nördlichen und südlichen Gebiete ausgespart sind. Bei uns kommt sie überall in Nadelwäldern vor. Auf den ersten Blick kann man sie mit der Kohlmeise verwechseln, der sie in der Kopfzeichnung ähnelt. Allerdings fehlt dem Gefieder das satte Gelb, das für die Kohlmeise typisch ist. Weiter fehlt der dunkle Streifen auf der Brust. Ein letztes sicheres Kennzeichen der Tannenmeise ist der weiße Nakkenfleck. Ihre Brutbiologie ähnelt der der anderen Meisenarten.

Kohlmeise
Parus major

(Foto unten)

Jungvogel

Viele Insekten und deren Larven leben im Wald als Blattfresser und Holzzerstörer. Ihre Bekämpfung mit chemischen Mitteln ist zwar möglich, aber man kann auch versuchen, die Schädlinge dadurch zu reduzieren, daß man die natürlichen Feinde in ihrem Bestand fördert. Die Meisen spielen bei dieser biologischen Schädlingsbekämpfung eine besondere Rolle. Sie sind Höhlenbrüter, und der Forstmann kann sie mit Hilfe künstlicher Nisthöhlen dort ansiedeln, wo ihre Hilfe gebraucht wird. Die Kohlmeise ist mit ihren 14 cm Länge, ihrer blauschwarzen Kopf- und Halszeichnung und dem ebenfalls blauschwarzen Streifen auf dem gelben Bauch die größte und auffälligste heimische Meisenart (Jungvogel s. Grafik). Ihr Verbreitungsgebiet ähnelt dem der Blaumeise, geht aber wesentlich weiter nach Osten und Südosten. Die Kohlmeise ist besonders findig, wenn es darum geht, einen Nistplatz zu suchen. Man hat ihre Nester schon in Briefkästen, in Verkehrsampeln oder in Stauwehren gefunden. Sie macht 2 Bruten im Jahr. Ihre Gelege bestehen normalerweise aus 8 bis 10 Eiern, man hat aber schon Gelege mit 18 Eiern gefunden. Die Eier sind weißlich gefärbt und tragen rostbraune Flecken.

Kleiber
Sitta europaea

(Foto oben links)

Nisthöhle, Eingang verkleinert

Der Kleiber ist ein Vogel, der auf der Rinde von Bäumen nach Nahrung sucht. Durch seine Körperproportionen ist er sogar in der Lage, mit dem Kopf stammabwärts zu laufen (s. Foto). Mit seinem blaugrauen Rücken, der rotbraunen Unterseite und seinen »tüh, tüh, tüh«-Pfiffen ist der Kleiber ein optisch und akustisch auffälliger Vogel. In mehreren Rassen ist er zudem über die gesamte Nordhalbkugel verbreitet. In Mitteleuropa bilden Laub- und Mischwälder seinen bevorzugten Lebensraum. Er fehlt aber auch in Parkanlagen nicht und kann im Winter am Futterhaus beobachtet werden. Kleiber sind Höhlenbrüter. Eine zu große Einschlupföffnung verkleinern sie mit Speichel und Lehm auf ihre Körpermaße (Grafik). Aus dieser Eigentümlichkeit erklärt sich der Name Kleiber (= Kleber).

Waldbaumläufer
Certhia familiaris

(Foto oben rechts)

Der unscheinbar braun gefärbte Waldbaumläufer ist über große Teile Europas, Asiens und Nordamerikas verbreitet. Bei uns können wir den Vogel in Nadel- und Mischwäldern beobachten, an die er streng gebunden ist. Taucht ein Baumläufer in Gärten und Parks auf, handelt es sich um den nah verwandten, zum Verwechseln ähnlichen **Gartenbaumläufer** *(Certhia brachydactyla)*. Baumläufer klettern – ähnlich wie die Spechte – an Baumstämmen aufwärts, um auf der Rinde nach Nahrung zu suchen, die aus Insekten und Spinnen besteht. Beim Klettern dient ihnen der feste Schwanz als Stütze. Baumläufer legen ihre Nester hinter abstehenden Rindenstücken, in Baumhöhlen, Holzstößen und an ähnlichen Plätzen an. Auch Nistkästen werden von den Vögeln angenommen. Die Gelege bestehen aus 5 bis 7 Eiern.

Buchfink
Fringilla coelebs

(Foto unten)

Weibchen

Alle Finkenvögel besitzen einen mehr oder weniger kräftigen Schnabel, mit dem sie hartschalige Samen und Früchte knacken können. Sie sind also Körnerfresser, die natürlich nebenbei auch Insektennahrung aufnehmen. Der Buchfink ist der wohl bekannteste Finkenvogel in Mitteleuropa. Er bewohnt darüber hinaus fast ganz Europa, Teile Asiens und Nordafrika. Das Männchen (s. Foto) ist an seinem rotbraunen Rücken und der blaugrauen Kopfplatte leicht vom nur unscheinbar grün gefärbten Weibchen (Grafik) zu unterscheiden. Buchfinken bauen kunstvolle Nester, die gut getarnt auf waagerechten Ästen und in Astgabeln angelegt werden. Die Farbe der meist 5 Eier ist außerordentlich variabel. Erste Gelege findet man im April.

Fichtenkreuzschnabel

Loxia curvirostra

(Foto oben links)

Auffälligstes (und namengebendes!) Merkmal dieses Finkenvogels ist der Schnabel mit den sich überkreuzenden Spitzen. Das Männchen ist ziegelrot gefärbt, im Gefieder des Weibchens herrscht Olivgrün vor. Weiter erkennt man die Vögel an dem wellenförmigen Flug und den bezeichnenden Rufen, die wie »klipp, klipp« klingen. Die Brutzeit des Fichtenkreuzschnabels richtet sich nach dem Nahrungsangebot – eine Ausnahme in der europäischen Vogelwelt. Man kann deshalb Gelege das ganze Jahr über finden, hauptsächlich aber zwischen Dezember und Mai.

Gimpel, Dompfaff

Pyrrhula pyrrhula

(Foto oben rechts)

Flugbild

Der Gimpel oder Dompfaff ist kaum mit einer anderen europäischen Vogelart zu verwechseln. Das Männchen trägt eine karminrote Brust, eine schwarze Kopfplatte, einen blaugrauen Rücken und eine deutliche Schwarz-Weiß-Zeichnung am Schwanz und auf den Flügeln (s. Foto, Flugbild s. Grafik). Das Weibchen ist leicht vom Männchen zu unterscheiden, es hat eine graubraune Brust. Gimpel besiedeln große Teile Europas und Asiens. Sie bewohnen hier unterholzreiche Wälder, fehlen aber auch in größeren Gärten und Parks nicht. Allerdings sind sie nirgends häufig. Neben ihrer Färbung ist auch der Lockruf typisch, ein leises »diüüü«. Das Nest steht gewöhnlich wenige Meter über dem Boden, meist in Fichtendickungen, in Wacholderbüschen und an ähnlichen Plätzen. Die Eier sind auf hellblauem Grund rot- oder schwarzbraun gefleckt.

Eichelhäher

Garrulus glandarius

(Foto unten)

Flugbild

Der Eichelhäher ist einer der akustisch auffälligsten Vögel im Wald. Sein heiseres Rätschen warnt andere Vögel vor drohenden Gefahren. Der Vogel ist aber auch an seiner Gefiederfärbung leicht zu erkennen: Die schwarz-blauen Federn am Flügelbug, die weiße Zeichnung im Flügel und der weiße Bürzel sind auffällige Kennzeichen (Flugbild s. Grafik). Beide Geschlechter sind gleich gefärbt. Der Eichelhäher kommt in vielen Rassen auf der gesamten Nordhalbkugel vor. Im Norden Eurasiens bestimmt die Baumgrenze seine Verbreitung. In Zentralasien fehlt er in den großen Steppengebieten und Wüsten. Er ist ja auch ein Vogel, der an Waldgebiete gebunden ist, wenn man ihn auch mehr und mehr in größeren Parks antreffen kann, sogar mitten in den Städten. Das Nest wird aus kleinen Zweigen und Aststücken in Sträuchern und Bäumen angelegt. Das Weibchen legt 5 bis 7 Eier. Die Gelege findet man von Ende April bis in den Juni hinein.

Eichhörnchen
Sciurus vulgaris

Kobel

Das Eichhörnchen stellen die Zoologen in die Ordnung der Nagetiere und dort zur Familie der Hörnchen (Sciuridae). Es ist über ganz Europa und die nördlichen Teile Asiens bis nach Japan verbreitet. Eichhörnchen werden bis zu 30 cm lang, der buschige Schwanz kann weitere 25 cm lang werden. Die Tiere kommen typischerweise im Nadelwald vor, aber sie fühlen sich auch in Mischwäldern und in reinen Laubwäldern wohl. Mittlerweile kann man sie in großen Parks und Gärten antreffen, die mitten in den Städten liegen können. Überwiegend wird das Flach- und Hügelland besiedelt. Das Eichhörnchen ist aber auch im Hochgebirge bis in etwa 2000 m Höhe anzutreffen. Es kann hervorragend in Bäumen klettern, stammauf und stammab. Im Kronendach springt es geschickt von einem Baum zum nächsten. Es ernährt sich vorwiegend von Nüssen, Bucheckern, Fichtensamen, Beeren, Pilzen und Insekten. Typisch sind die Baumnester, die von den Eichhörnchen aus Laub und Zweigen gebaut werden (Grafik). Meist stehen die Kobel in den Kronen von Nadel- oder Laubbäumen. Nach 5 Wochen Tragzeit werden dort 3 bis 7 Junge geworfen, die mit rund 2 Monaten selbständig werden. Die Tiere bekommen zweimal im Jahr Junge. Die Baumnester dienen den Eichhörnchen auch zur Überwinterung. Die Tiere halten aber keinen echten Winterschlaf.

Siebenschläfer
Glis glis

Der Siebenschläfer – ebenfalls ein Nagetier – ist über Mittel- und Südeuropa verbreitet und kommt vor allem in Laubwäldern mit hohem Baumbestand vor. Im Nadelwald dagegen fehlt er fast völlig. Dieser Bilch ist ein ausgesprochen gewandter Kletterer und überwiegend in der Dämmerung und bei Nacht aktiv. Die Tiere werden bis zu 20 cm lang, der buschige Schwanz noch einmal etwa 15 cm. Im Herbst kommen die Tiere bisweilen in die Häuser und treiben sich dann auf den Dachböden herum. Durch ihre Stimme wird man auf die Obermieter zuerst aufmerksam. Man hat sie schon so beschrieben: Muckern (Stimmfühlung), Knurren (Ärger), Schnarchen (Wut) und Quieken (Angst). Siebenschläfer bauen aus Moos und anderen pflanzlichen Baustoffen Nester. Dort werfen sie einmal im Jahr 2 bis 7 Junge, die nach einer Tragzeit von rund 1 Monat zur Welt kommen. Bilche legen ihre Nester auch in Vogelnistkästen an. Bei Kontrollen sollte man darauf achten und die Tiere ungestört lassen.

Haselmaus
Muscardinus avellanarius

Tier im Winterschlaf

Auch die orange- bis rötlichbraune Haselmaus ist ein Bilch; sie ist also mit dem Siebenschläfer nah verwandt, allerdings deutlich kleiner. Die Länge beträgt nur 6,5 bis 8,5 cm. Der buschige Schwanz mißt 5 bis 8 cm. Das Verbreitungsgebiet der Haselmaus ähnelt dem der vorigen Art. Ihr Lebensraum sind gebüschreiche Waldränder, Waldlichtungen und Jungwuchsbestände, bisweilen auch reine Fichtenwälder. Hier legt die Haselmaus auch Nester aus Moos, Gras und Blättern an. Die Nester sind kleine Kugeln mit einem Durchmesser von bis zu 12 cm. Auch dieser Bilch ist überwiegend dämmerungs- und nachtaktiv. Geschickt klettert er in den Zweigen herum, um auf Nahrungssuche zu gehen. Die Ernährung ist rein vegetarisch. Ein- bis zweimal im Jahr werden nach 26 Tagen Tragzeit 3 bis 4 nackte, blinde Junge geboren, die nach 5 bis 6 Wochen selbständig werden. Die Haselmaus hält einen Winterschlaf, der von Oktober bis April dauert (vgl. Grafik).

Waldmaus
Apodemus sylvaticus

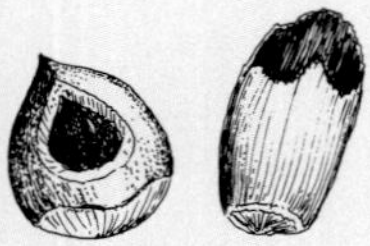

Fraßspuren

Die Waldmaus wird etwa 10 cm lang. Der Schwanz ist noch einmal genauso lang (s. Foto). Wegen dieser Körperproportionen wird die Waldmaus in die Familie der Echten Mäuse oder Langschwanzmäuse (Muridae) eingeordnet. Das Tier wiegt zwischen 15 und 35 g. Sein Fell ist oberseits graubraun, zeigt aber auf der Mitte des Rückens einen dunkleren Bereich. Auf der Unterseite ist die Waldmaus weißlich gefärbt. Ihr Verbreitungsgebiet erstreckt sich mit Ausnahme Nordskandinaviens über ganz Europa und reicht im gemäßigten Asien bis nach Japan. In Mitteleuropa kann man die Waldmaus in Feldgehölzen und an Waldrändern antreffen. Allerdings wird die Beobachtung dadurch erschwert, daß die Maus vorwiegend in der Dämmerung und nachts aktiv ist. Dann allerdings zeigt sie sich als lebhafter kleiner Nager, der auch in Büschen herumklettert. Ihre Nahrung besteht aus Samen, Nüssen, Eicheln und Bucheckern (Fraßspur s. Grafik). Aber auch Spinnen, Insekten, Schnecken und Würmer werden gefressen. Die Waldmaus gräbt sich Erdbaue, in denen dreimal im Jahr 3 bis 9 Junge aufgezogen werden. Die Tragzeit liegt bei 3 Wochen.

Eine ganz ähnlich gefärbte Maus ist die **Gelbhalsmaus** *(Apodemus flavicollis),* bei der die weiße Unterseite aber schärfer gegen die braune Oberseite abgesetzt ist als bei der Waldmaus.

Rotfuchs
Vulpes vulpes

(Foto oben)

Fußspur

Dieses wohl bekannteste einheimische Säugetier gehört in eine andere Ordnung als die bisher vorgestellten Säugetiere, nämlich zu den Raubtieren (Carnivora). Innerhalb dieser Ordnung ist der Fuchs in die Familie der Hundeartigen (Canidae) einzugliedern. Die Kopf-Rumpf-Länge kann bis zu 80 cm betragen. Hinzu kommen etwa 50 cm für den buschigen Schwanz. Der Rotfuchs ist über fast ganz Europa, große Teile Asiens und Nordamerikas und sogar in Australien (hier aber vom Menschen eingeführt) verbreitet. Seine Ansprüche an den Lebensraum sind nicht sehr groß. Er lebt in Erdbauten. Dort wirft das Weibchen einmal im Jahr 3 bis 5 Junge, die mit 3 bis 4 Wochen selbständig werden.

Baummarder
Martes martes

(Foto unten links)

Fußspur

Der Baummarder ist ebenfalls ein Raubtier, gehört aber zusammen mit dem Dachs, dem Hermelin und anderen Arten zur Familie der Marder (Mustelidae). Er ist zwar annähernd über ganz Europa verbreitet (Ausnahmen: Iberische Halbinsel, Island, Großbritannien, Nordnorwegen, Finnland und Griechenland), aber innerhalb dieses Gebietes ist er fast überall selten geworden. Der Marder ist an geschlossene Misch- und Nadelwälder gebunden und geht bis in rund 2000 m Höhe hinauf. Trifft man innerhalb von Städten einen Marder an, so handelt es sich um den nah verwandten **Steinmarder** *(Martes foina),* der aber einen weißen, zweigeteilten Kehlfleck gegenüber dem geschlossenen, gelben des Baummarders aufweist (s. Foto). Baummarder sind überwiegend nachts tätig, bisweilen sieht man sie aber auch tagsüber. Ihre Nahrung besteht aus kleinen Säugetieren (vor allem Eichhörnchen), Vögeln, Insekten und den Früchten verschiedener Pflanzenarten. Der Baummarder lebt in Baumhöhlen und zieht dort 3 bis 5 Junge pro Wurf auf.

Dachs
Meles meles

(Foto unten rechts)

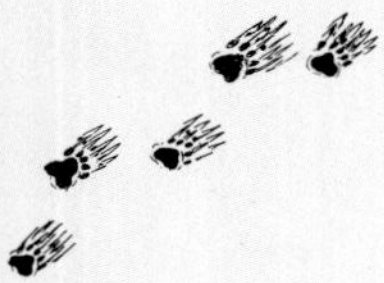

Fußspur

Auch der Dachs gehört zu den marderartigen Raubtieren. Er ist über fast ganz Europa verbreitet und fehlt nur in Island und in Teilen Skandinaviens. Sein bevorzugter Lebensraum sind Laub- und Mischwälder, die er vorwiegend in der Dämmerung und nachts durchstreift. Tagsüber halten sich die rund 70 cm langen Tiere in Erdbauen verborgen, die sie oftmals zusammen mit dem Fuchs bewohnen. Neben ihrer Größe ist der schwarz-weiß gestreifte Kopf ein sicheres Kennzeichen (s. Foto). Dachse werfen einmal im Jahr 3 bis 5 Junge. In der Roten Liste wird die Art als »gefährdet« eingestuft.

Wildschwein
Sus scrofa

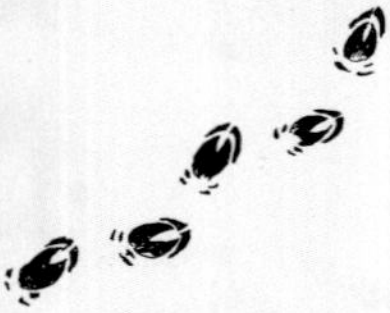

Fußspur

Fast ein Weltbürger ist das Wildschwein heute, nachdem es auch in Nord- und Südamerika und in Australien eingeführt wurde. Sein Lebensraum sind Laub- und Mischwälder. Diese sollten genügend Deckung bieten und sumpfige Stellen aufweisen. Wildschweine suhlen sich nämlich gerne im Schlamm, um lästige Plagegeister auf der Haut loszuwerden. Starke männliche Tiere (in der Jägersprache Keiler genannt) werden bis zu 1,80 m lang und 350 kg schwer. Für kapitale Keiler sind die Hauer, die kräftigen Eckzähne, typisch. Wildschweine leben fast immer in Trupps (Rotten) zusammen. Außerhalb der Brunftzeit (Rauschzeit) leben die weiblichen Tiere (die Bachen) mit den Jungtieren (den Frischlingen, später Überläufern) zusammen. Die Jungkeiler bilden eigene Rotten. Alte Keiler sind meist Einzelgänger. Nach einer Tragzeit von rund 4 Monaten setzen die Bachen 4 bis 12 längsgestreifte Frischlinge.

Rothirsch
Cervus elaphus

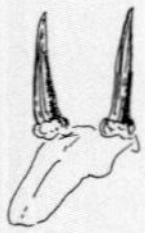

Spießer

Gabler

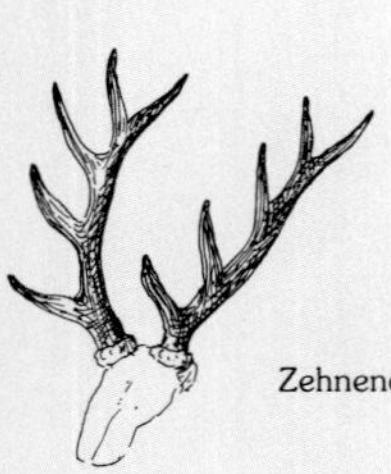

Zehnender

Rotwild ist in großen Teilen Europas und Asiens verbreitet, kommt daneben aber auch in Nord- und Südamerika vor und wurde von Jägern selbst in Australien und Neuseeland eingeführt. Schaut man allerdings auf eine Verbreitungskarte, die Europa zeigt, so liegen die Rotwildvorkommen inselartig verteilt. Das liegt ganz einfach daran, daß diese Hirschart große, zusammenhängende Wälder braucht. Demzufolge liegen gute Rotwildreviere in den Alpen, im Schwarzwald, im Harz und in ähnlich großen Waldgebieten, die es inmitten unserer weitgehend kultivierten Landschaft noch gibt. Das Rotwild ist heute fast ausschließlich in der Dämmerung und in der Nacht aktiv. Tagsüber bezieht es in Dickungen seinen Einstand. Außerhalb der Brunftzeit, die in der zweiten September- und ersten Oktoberhälfte liegt, halten sich die Geschlechter voneinander getrennt. Erst im Frühherbst kommen die Brunftrudel zusammen. Die Rotwildbrunft gehört sicher zum Eindrucksvollsten, was man in unseren Wäldern erleben kann, vor allem, wenn man das Glück hat, zwei Hirsche um die Vorherrschaft im Rudel kämpfen zu sehen. Die weiblichen Tiere setzen im Mai/Juni je 1 Kitz, das 9 Monate lang gesäugt wird. Rothirsche können bis zu 20 Jahre alt werden. Der Hirsch wirft das Geweih jedes Jahr ab und bildet im darauffolgenden Jahr ein neues. Je nach Ernährung und Alter der Tiere können die Geweihe eine beträchtliche Endenzahl und Größe erreichen (vgl. Grafik).

Damhirsch
Dama dama

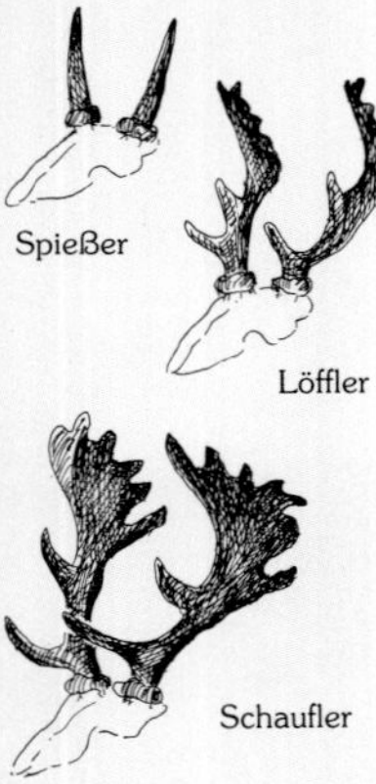

Damhirsche ähneln dem Rothirsch in ihrer Gestalt, sind aber kleiner und außerdem durch die hellen Flecken auf dem Rücken und an den Seiten leicht vom Rothirsch zu unterscheiden. Auffällig ist auch der bis zu 20 cm lange Schwanz (s. Foto). Damwild war ursprünglich im Mittelmeergebiet verbreitet, wurde aber schon in geschichtlicher Zeit nördlich der Alpen ausgesetzt und kommt heute inselartig über ganz Europa verstreut vor. Sein bevorzugter Lebensraum sind Mischwälder mit reichlichem Unterwuchs. Vielfach findet man die Tiere auch in großen Parks, die einen ähnlichen Bewuchs aufweisen. Die Hirsche werden bis zu 125 kg schwer. Ihr Geweih kann ebenfalls eine stattliche Größe erreichen. Typisch für das Damwild ist die Schaufelbildung, die etwa beim 3. Geweih einsetzt (vgl. Grafik). Im Mai/Juni setzen die weiblichen Tiere je 1 Kitz, das 6 Monate lang gesäugt wird. Damhirsche werden rund 10 Jahre alt.

Reh
Capreolus capreolus

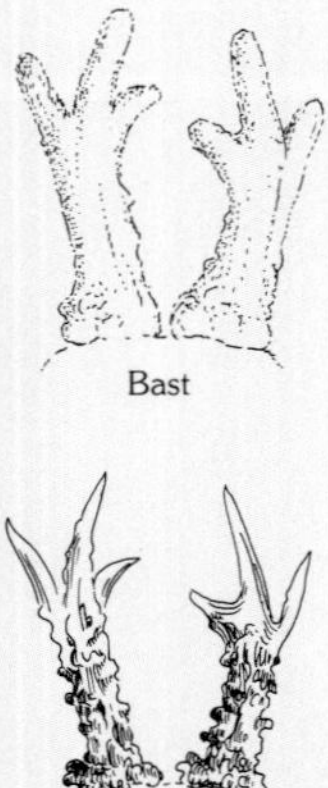

Sicher ist das Reh jedem Naturfreund bekannt, denn trotz der Veränderungen in der Landschaft haben sich in Mitteleuropa größere Bestände halten können. Rehe halten sich tagsüber in Dickungen verborgen und gehen erst in der Dämmerung auf Nahrungssuche. Das Reh kommt außer in Mitteleuropa noch in großen Teilen Spaniens, in Schottland, in Mittelnorwegen und -schweden und weiter in Teilen Asiens vor. Bei uns kann man Feldreh und Waldreh unterscheiden, je nach dem bevorzugten Lebensraum. Rehe werden bis zu 1,35 m lang und bis etwa 30 kg schwer. Typisch ist die weiße Zone um den kurzen Wedel herum (in der Jägersprache Spiegel genannt) und beim männlichen Tier, dem Bock, das kurze Stangengeweih (in der Jägersprache Gehörn genannt, obwohl es jedes Jahr abgeworfen wird). Das Geweih zeigt maximal 4 Enden je Stange, Sechserböcke (3 Enden je Stange) sind aber die Regel. Während des Wachstums ist das Geweih vom durchbluteten Bast bedeckt (Grafik). Vom Herbst bis zum Frühling leben Rehe gesellig in gemischten sogenannten Sprüngen zusammen, die sich zur Setzzeit (Geburt der Jungtiere) hin auflösen. Im Mai kommen 1 bis 3 Junge je Ricke (so nennt der Jäger das weibliche Tier) zur Welt. Sie können sofort sehen und laufen, also schon bald nach der Geburt der Ricke folgen. Die Kitze werden 3 Monate lang von der Ricke gesäugt. Danach bleiben sie noch lange mit ihr zusammen (s. Foto) und werden erst mit etwa einem Jahr selbständig.

Register

Wissenschaftliche Namen